Ein Stichdruck von Henri de Montaut illustriert den Roman „Von der Erde zum Mond" des französischen Autors Jules Verne (1865).

Der Raketenflugplatz in Berlin

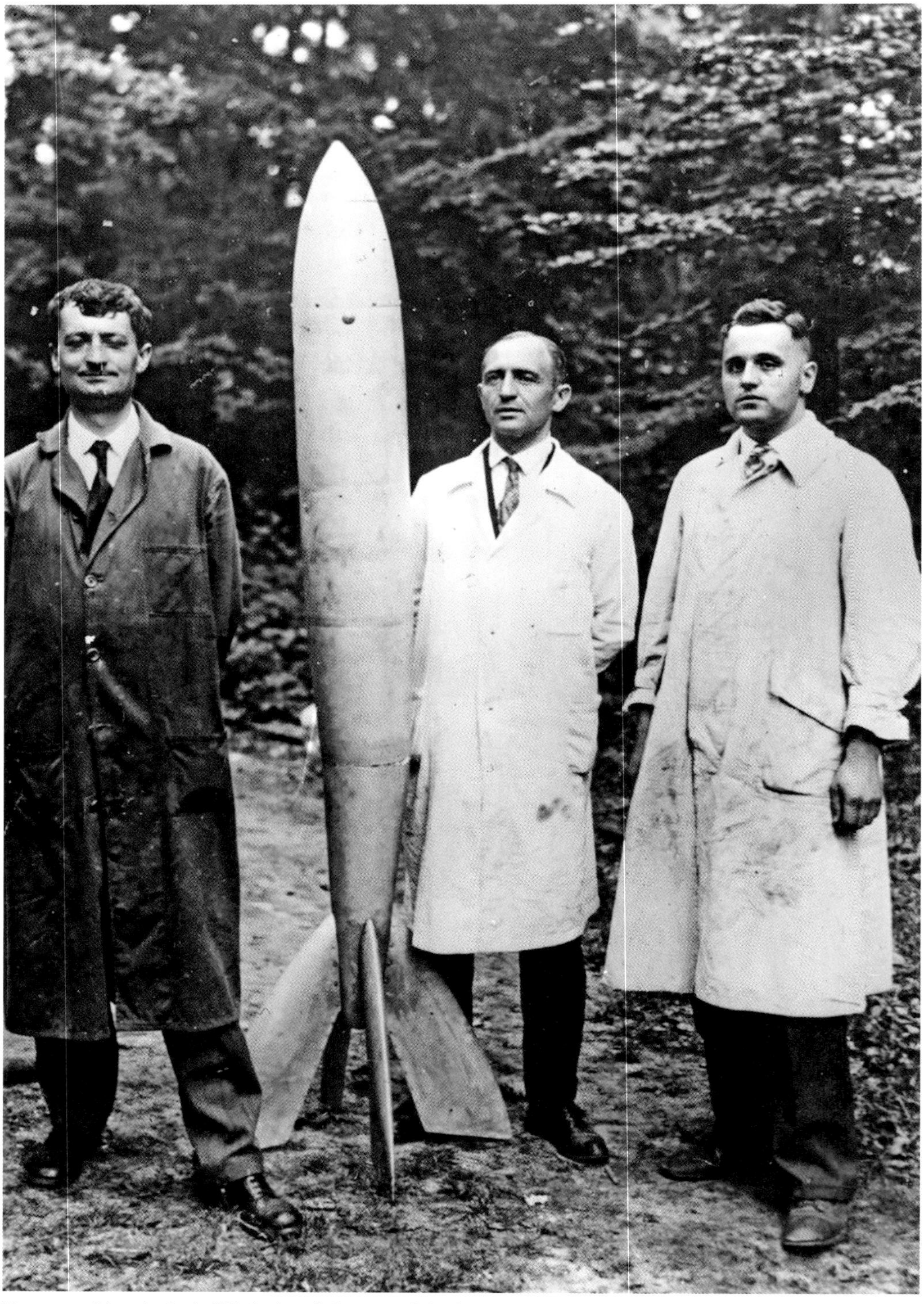

Hermann Oberth, Rudolf Nebel und Klaus Riedel (v.l.n.r.) präsentieren die UFA-Rakete auf dem Gelände der Chemisch-Technischen Reichsanstalt, Juli 1930.

Harald Neckelmann

Der Raketenflugplatz in Berlin

Die Anfänge der Raumschifffahrt in der Weimarer Republik

SUTTON

Erkundungsgang ohne Raumanzug: Szene aus „Frau im Mond" von Fritz Lang.

Einband vorne: Maschineningenieur Klaus Riedel (l.), neben ihm Ingenieur Rudolf Nebel beim Aufbau des Mirak-(Minimum-Raketen-)Prüfstandes auf dem Raketenflugplatz Berlin.
Vorsatz: Gesamtansicht des Raketenflugplatzes, Herbst 1930.
Nachsatz: Übersicht über den Tegeler „Schiess-Platz bei Berlin" und das dazugehörige Artillerie-Laboratorium, Ausschnitt aus einem Berlin-Stadtplan von 1908.
Einband hinten: Die Raketenpioniere Klaus Riedel und Kurt Heinisch präparieren eine Minimumrakete (Mirak).

Impressum
Sutton Verlag GmbH
Schweickhardtstraße 1
72072 Tübingen
www.suttonverlag.de

ISBN: 978-3-96303-576-0
Printed in Poland by CGS
Gestaltung und Herstellung: Sutton Verlag
Lektorat: Matthias Kunstmann, Karlsruhe

Inhalt

Einleitung

„Wer wird denn gleich in die Luft gehen ...?“ In der Zeit der Weimarer Republik war das Flugzeug das fortschrittlichste Verkehrsmittel. Der erste Linienflug der Welt führte am 5. Februar 1919 von Weimar nach Johannisthal bei Berlin, nur vier Monate später fand der erste Nonstop-Atlantikflug statt. Das Flugzeug versprach Gewinne, in Deutschland gründeten sich die Fluggesellschaften Deutscher Aero Lloyd (1923) und Junkers Luftverkehr (1924). Das Deutsche Reich hatte im Ersten Weltkrieg, der 1918 endete, eine Niederlage erlitten. Nun bot sich die Chance, aufzuholen.

Die Raketenforschung dachte Ende der 1920er- und Anfang der 1930er-Jahre durchaus noch über zivile Nutzungen nach. Gearbeitet wurde an meteorologischen Raketen und an Raketen für die Deutsche Reichspost. Ein militärisches Interesse konzentrierte sich ausschließlich auf Pulverraketen. Die Erforschung der Raketentechnologie war noch eine junge Wissenschaft. In der wirtschaftlich schwierigen Zeit nach Kriegsende, in der über allem drohend der Pleitegeier kreiste, hatte kaum jemand Geld für Zukunftsentwicklungen. Erste praktische Versuche zu Flüssigkeitsraketen begannen 1928 in den UFA-Studios in Neubabelsberg. Zu dieser Zeit hatte Robert H. Goddard in den USA bereits die erste Flüssigkeitsrakete gestartet, dies war aber in Europa unbekannt. So wurde Johannes Winklers Start einer Rakete gleichen Prinzips im März 1931 als erster erfolgreicher Start angesehen. Nur zwei Monate später brachte Klaus Riedel auf dem Berliner Raketenflugplatz des Vereins für Raumschiffahrt einen kleinen Flugkörper in die Höhe. Das Areal überdeckte bis 2021 der Flughafen Tegel.

Die beiden Raketentypen unterscheiden sich durch ihren Brennstoff. Bei der Feststoff- oder Pulverrakete lagern die Treibstoffe bereits gemischt im Verbrennungsraum. Bei der Flüssigkeitsrakete sind die flüssigen Treibstoffe in besonderen Tanks untergebracht. Diese Tanks, den Verbrennungsraum, die Brennstoffleitungen und die Nutzlast mussten die Raketenpioniere in einem leicht gebauten Flugkörper unterbringen. Weiter mussten sie die Unterdrucksetzung der Flüssigkeiten, die Isolation des minus 182 Grad kalten flüssigen Sauerstoffs und die Kühlung des Verbrennungsraums regeln. Dabei war der Flugkörper so zu konstruieren, dass das Gesamtgewicht geringer blieb als der Reaktionsdruck. Im Jahr 1930 verlegte der Verein für Raumschiffahrt seinen Sitz von Breslau in das aufstrebende Wissenschafts- und Technologiezentrum Berlin. Die Raketeningenieure wollten den neuen Forschungsergebnissen näher sein, die aus Chemie und Mathematik, Physik und Metallurgie, Feinmechanik und Optik und nicht zuletzt aus dem Bereich des Funk- und Messwesens vorlagen und die Entwicklung von Raketen vorantreiben konnten.

Die Raketenpioniere waren in der Weimarer Republik in freien Gruppen organisiert. Sie arbeiteten ohne eine akademische oder staatliche Kontrolle und entzogen sich auch jeder militärischen Logik. Raketenfahrzeuge rasten über Autobahnen, Schienen und Eisseen, Raketen katapultierten Flugzeuge in die Luft. Die Regierenden hatten zunehmend ihre Probleme damit, dass sich die Forscher an die Öffentlichkeit wandten, sich präsentierten und Informationen austauschten. Die Medien fantasierten über die Raumfahrt, Visionen füllten Zeitungsspalten und inspirierten Werbeanzeigen. Durch die mediale Aufmerksamkeit fühlten sich die Forschenden in ihrer Bedeutung bestätigt. Auf diese Öffentlichkeit war die Raketenforschung dringend angewiesen, denn finanzielle Mittel flossen in der Zeit der schweren Wirtschaftskrise eher spärlich. Die Raketentechnik erhielt damals einen enormen wissenschaftlichen, aber auch populären Impuls. Die Pioniere legten in jenen Jahren den Grundstein für die Eroberung des Weltraums durch den Menschen.

Rudolf Nebel war nicht der „Vater der V2", aber er hat mit seinem Enthusiasmus für die noch junge Raketentechnik viel geleistet. Mit seinem unablässigen Engagement trieb er die Entwicklung voran. Durch seine Arbeit konnten sich junge Forschende auf dem Gebiet der Raketentechnik erproben. Auch der weithin bekannt gewordene Luft- und Raumfahrtingenieur Wernher von Braun fand später anerkennende Worte. Nebels Verdienst bestand darin, „zu einer Zeit, als wenige an die große Bedeutung dieser Sache glaubten, einen Kreis von begeisterungsfähigen jungen Leuten um sich geschart und ihnen die Möglichkeit geboten zu haben, an der Vervollkommnung der Flüssigkeitsrakete praktisch zu arbeiten. Ihm gebührt das Verdienst, in dem ‚Raketenflugplatz' Deutschlands erste Versuchsanstalt fuer Flüssigkeitsraketen gegründet zu haben."[1]

Der öffentliche Raketen-Hype, von den freien Gruppen in den 1920er-Jahren erzeugt, erfasste auch das Militär. Die Strategen wurden um 1930 von den verbreiteten Visionen angesteckt. Die Entscheidungsträger und Praktiker der Rüstung interessierten sich allerdings nur für den Transport von Sprengstoff und damit die Nutzung der Rakete als Waffe. Sie nutzten die Raketentechnik als Machtmittel. Die Niederlage im Ersten Weltkrieg, der Friedensvertrag von Versailles mit Gebietsabtrennungen, Reparationszahlungen, erzwungener Heeresreduzierung wurden als nationale Schmach empfunden. Deutschland durfte über keine moderne Bewaffnung wie Panzer, Militärflugzeuge, Schlachtschiffe und schwere Geschütze mehr verfügen. Ihre Herstellung war verboten. Um dennoch technisch nicht abgehängt zu werden, etablierten Militär und Politik ein System der Geheimrüstung. Eine geheime Denkschrift hielt fest: „Durch den Versailler Vertrag war Deutschlands Rüstung beschränkt. Das Heereswaffenamt war ständig auf der Suche nach neuen, die Bestimmungen des Vertrages umgehenden Waffenentwicklungen." Die Raketenliteratur und die entsprechenden Versuche, hieß es weiter, „veranlaßten das Heeres-Waffenamt, diese Gedanken einer neuen Waffe aufzugreifen."[2]

Ein neuer Krieg, so waren sich alle einig, sei nur mit Hochtechnologie wie Strahlflugzeugen und Lenkraketen zu gewinnen. Man wollte (nicht verbotene) große Raketen bauen. Im Zweiten Weltkrieg hofften die Luftfahrtforscher fast bis zum letzten Moment auf eine militärische Wende und intensivierten sogar noch ihr Engagement. Damit trugen sie entscheidend zur Verlängerung des Krieges bei.

Akademische Freiheit genoss die Wissenschaft der Raketentechnik unter den Nationalsozialisten nicht. Weder konnten die jungen Physiker und Ingenieure von sich aus ihr Arbeitsgebiet wählen, noch durften sie sich mit Kollegen außerhalb ihres Projekts austauschen oder ihre Forschungsinteressen selbstständig ändern. Qualifizieren durfte sich nur noch, wer der ethnischen und politischen Ideologie der Nationalsozialisten entsprach.

Neuer Prüfstand auf dem Raketenflugplatz, Sommer 1931.

1

„Von der Erde zum Mond“

Im Jahr 1865 schreibt der französische Autor Jules Verne (1828–1905) ein frühes Werk der Science-Fiction. „Von der Erde zum Mond“ nimmt die Mondfahrt um etwa hundert Jahre vorweg. Der Schriftsteller unterfüttert die schriftstellerischen Fantasien mit wissenschaftlichen Erkenntnissen und Spekulationen. Vernes Werk wird zur unmittelbaren Inspirationsquelle aller späteren Raketenpioniere. In dem Roman lässt er den Präsidenten des Kanonenclubs von Baltimore, Impey Barbicane, sagen: „Es ist keiner unter Ihnen, wackere Kollegen, der nicht den Mond gesehen oder mindestens von ihm gehört hätte. (…) Vielleicht ist es uns vorbehalten, für diese unbekannte Welt die Rolle des Kolumbus zu spielen. Begreifen Sie mich, unterstützen Sie mich mit allen Kräften, so will ich Sie führen, diese Eroberung zu machen.“[3]

Auch die Berliner Raketenpioniere haben den Roman gelesen. Während es bei Jules Verne zunächst um die Vorbereitung des Unternehmens geht, beschreibt der Nachfolgeband „Reise um den Mond“ (1870) den tatsächlichen Flug. Sein Held Michel Ardan versucht, eine neugierige Menge von dem Projekt zu überzeugen. Der Autor erzählt von der Konstruktion einer Riesenkanone, die ein Geschoss zum Mond schießen soll. Die „Columbiade“ ist utopische 270 Meter lang, bei einem Durchmesser von drei Metern. Das Geschoss wird später zu einer bemannten Raumkapsel. Das historische Vorbild für Ardan ist Vernes Freund, der Fotograf Felix Nadar: eine schillernde Persönlichkeit, die in Paris unter anderem durch die Konstruktion des Riesenballons „Le Géant“ berühmt wurde. Verne schildert ihn als einen Visionär, der „in das Unmögliche verliebt ist, der versucht, der probiert, mehr oder weniger Erfolg hat, letztlich aber eine Sache in Gang bringt; dann mischen sich die Gelehrten ein, reden, schreiben, rechnen, und eines schönen Tages tritt der Erfolg vor aller Augen zutage!“[4]

An dem Mondprojekt sind am Ende 2.000 Menschen beteiligt, internationale Subskriptionen sichern die Finanzierung. Der „Mond kam in Mode (…). Die Zeitungen wärmten die alten Anekdoten wieder auf, worin diese ‚Sonne der Wölfe‘ eine Rolle spielte (…). Ganz Amerika wurde mondsüchtig.“[5] Verne schreibt, dass jeder Gegenstand, der mit einer Anfangsgeschwindigkeit von 11.000 Metern in der Sekunde in Richtung Mond geschossen wird, dort auch ankommt. Für das Publikum ist der Palisadenwall um das Abschussloch zur Besichtigung geöffnet worden. „Man kann sich mühelos vorstellen, was für eine Menge von Besuchern sich einfand. In der Tat, zahllose Neugierige aus allen Teilen der Vereinigten Staaten strömten nun in Florida zusammen.“[6] Präsident Barbicane berichtet über den auserwählten Startplatz „Stone’s Hill“: „„Auf dieser Ebene wollen wir also unsere Magazine, unsere Werkstätten, Gießöfen, Arbeiterwohnungen errichten, und von dieser, genau von dieser Stelle aus (…) wird unser Projektil in die Räume des Sonnensystems emporfliegen!““[7] Bei Verne schleudern sechs Milliarden Liter Gas das Projektil in den Weltraum, die Mondfahrer werden durch die Beschleunigung womöglich zerquetscht. „War es denn wahrscheinlich, daß irgendein Mensch so kühn war, an eine solche Reise überhaupt auch nur zu denken? Und gab es einen solchen Menschen – war es nicht ein Narr, den man in eine Zelle einschließen mußte, nicht in eine Kugel?"[8]

Viele Jahrhunderte lang kamen Raketen mit Pulvermischungen als Kriegswaffe, Feuerwerk oder bei der Seenotrettung zum Einsatz. Doch am Ende des 19. Jahrhunderts und Anfang des 20. Jahrhunderts gab es Vordenker für die Raketentechnik zur Raumfahrt wie Hermann Ganswindt (1856–1934) in Deutschland. Die Idee des Berliner Erfinders war 1891, mittels Dynamitpatronen ein Weltraumfahrzeug dermaßen beschleunigen zu lassen, dass es den Weltraum erreichen würde. Sein Weltraumfahrzeug war vor einem gestirnten, mit mehreren Kometen geschmückten Himmel abgebildet, hoch über der Welt schwebend. Ganswindt erklärte: „Das Fahrzeug besteht in seinem Haupttheil aus einem Stahlcylinder von möglichst kleinem Durchmesser, aber so, daß er etwa zwei Reisende und die nöthigen Vorräte noch aufnehmen kann. Dieser Hauptcylinder ist umgeben von schlankeren Stahlröhren von der Länge des Hauptcylinders, welche unter sehr hohem Druck den nöthigen Luftvorrat für die Expedition enthalten. Über dem Cylinder ist der Explosionsraum angebracht, der mit den beiden seitlichen Patronengehäusen fest verbunden ist."[9] In einem Zweistufenkonzept sollte das Raumfahrzeug von einem Träger in die Höhe geschleppt werden. Ein Flug ins All sei nur mittels des Rückstoßes möglich – damit entdeckte Ganswindt eine entscheidende Voraussetzung des Weltraumflugs. Ideen für ein lenkbares Großluftschiff hatte er sich bereits 1883 patentieren lassen. Einer seiner Söhne wirkte später unter Wernher von Braun am Mondflugprogramm der USA mit.

Anfang des 20. Jahrhunderts lieferten drei Männer der Raketentechnik grundlegende theoretische Erkenntnisse: der Russe Konstantin Ziolkowski (1857–1935), der US-Amerikaner Robert H. Goddard (1882–1945) und der Siebenbürgendeutsche Hermann Oberth (1894–1989). Die Raketenpioniere waren Konkurrenten, nahmen aber auch im Lauf ihres Lebens Kontakt zueinander auf.

Konstantin Ziolkowski, fast vollkommen taub, lebte zur selben Zeit wie Ganswindt, beide waren Autodidakten. Der Russe arbeitete ebenfalls zunächst an einem lenkbaren Luftschiff. Als weltweit erster Mensch dachte er über Ganzmetallflugzeuge nach und entwarf ein Flugzeug mit einer vollkommen geschlossenen Kabine. Es sollte noch fast dreißig Jahre dauern, bis Junkers in Dessau sein Ganzmetall-Flugzeug präsentierte. Wie Ganswindt entdeckte Ziolkowski für den Raumflug das Rückstoßprinzip des Antriebs. Die Lösung für den Flug in den luftleeren Weltraum war eine Rakete, die ihre gesamte Rückstoßmasse mittransportierte. Der Forscher schränkte seine Lebensverhältnisse und die seiner Familie ein, um seine private Forschung betreiben zu können. 1897 hatte der Mathematiklehrer die wesentlichen wissenschaftlichen Grundlagen erarbeitet, so die Theorie geradlinig bewegter Raketen. Um eine ausreichende Schubkraft zu erhalten, sollten die Raketen größer und stärker als die vorhandenen Feststoffraketen sein. Um aber die Leistung aus der Raketendüse zu vergrößern, musste man eine höhere Auspuffgeschwindigkeit der Verbrennungsgase erzielen. Dazu waren flüssige statt feste Antriebsstoffe notwendig. Ziolkowski war der erste Mensch auf Erden, der sich eine Rakete wie die erst fünfzig Jahre später entwickelte deutsche V2 vorstellen konnte.

Der Russe stellte den mathematischen Zusammenhang zwischen Ausström- und Raketengeschwindigkeit und Massenverhältnis her. Es ist eine Beziehung, die heute als „Grundgleichung

Hermann Ganswindt (1900).

Ganswindts Weltenfahrzeug (1899). ▼

der Raketentechnik" oder „Ziolkowski-Formel" bezeichnet wird. Im westlichen Ausland erfuhr man erst um 1925 von seinen Arbeiten, die bereits 1903 veröffentlicht worden waren. Zu praktischen Raketenversuchen fehlten Ziolkowski stets die nötigen Geldmittel. Stattdessen beschäftigte er sich intensiv mit der Theorie, die er sieben Jahre lang schweigend und zielstrebig vervollständigte, um sie danach zu veröffentlichen. Ohne jemals eine aufsteigende Rakete oder einen Prüfstand gesehen zu haben, entwarf er die flüssigkeitsgekühlte Raketenbrennkammer für zwei flüssige Treibstoffe. Sie diente späteren sowjetischen Technikern als Vorentwurf. 1926 wurde er zum Leiter einer Sektion für interplanetaren Verkehr der Luftkriegsakademie vorgeschlagen. 1929 veröffentlichte er sein Buch „Raketenzüge", das die theoretischen Grundlagen der Mehrstufenraketen darstellte.

Die erste Flüssigkeitsrakete der Welt ließ Robert H. Goddard mit Flüssigsauerstoff und Benzin schon am 16. März 1926 von der Farm seiner Tante Effie in Auburn, Massachusetts, aufsteigen. „Es sah schon fast magisch aus, als die Rakete in die Luft ging, ohne großen Lärm oder Flammen. Als wollte sie sagen: ‚Ich war lang genug hier unten und gehe jetzt mal woanders hin, wenn du nichts dagegen hast'"[10], notierte Goddard am Tag danach in seinem Tagebuch. Das historisch bedeutende Ereignis fand fast unter Ausschluss der Öffentlichkeit statt. Die Rakete erreichte eine Geschwindigkeit von rund 100 Stundenkilometern, flog 12,5 Meter hoch und 56 Meter weit, die Flugzeit betrug 2,5 Sekunden. Zuvor hatte der Physikprofessor zwei Jahre lang die meiste Zeit damit zugebracht, mathematische Grundlagen von Raketen und Raumflug zu erarbeiten. In den Jahren 1915 und 1916 begann er eigene Raketenexperimente, bei denen er Brennversuche im Vakuum anstellte. Im Jahr 1919 erschien seine erste Veröffentlichung „Eine Methode zur Erreichung extremer Höhen". Die Presse meldete auch Jahre später noch regelmäßig, Goddard plane den Abschuss einer Mondrakete mit Blitzlichtpulver an Bord, das sich beim Aufprall entzünden solle. Der Forscher hatte dieses Beispiel jedoch nur zur Illustrierung seiner Theorie benutzt. Er zog sich wegen der Medienberichte noch mehr aus der Öffentlichkeit zurück und arbeitete mit äußerst bescheidenen Mitteln.

Auch die zahlreichen raketentechnischen Patente, die er erhielt, blieben auf seinen Wunsch hin unveröffentlicht. Bereits im Juli 1914 hatte er zwei Patente für „Raketen-Apparate" erhalten. Das erste Patent bezieht sich auf die stufenförmige Zusammenfassung mehrerer Raketen zu einem gemeinsamen Aggregat. Der US-Amerikaner hat sie unabhängig von Hermann Oberth entwickelt, beide kannten einander zunächst nicht. Wenn man eine Rakete, die schon schnell fliegt, als Startplatz für eine andere, kleinere Rakete benutzt, dann bekommt diese beim Abflug schon die Geschwindigkeit der größeren mit auf den Weg und kann unter der Wirkung ihres eigenen Antriebs noch schneller werden. Das zweite Patent betrifft die Idee, Brennkammer und Düse der Rakete vom Treibstoff zu trennen und den Treibstoff langsam in die Brennkammer einzuführen. Jahrhundertelang war bei den Pulverraketen der Treibsatzbehälter zugleich Brennkammer. Die Patentschrift enthält auch eine Zeichnung und eine Beschreibung einer Flüssigkeitsrakete. In den Jahren ab 1920 beschäftigte sich Goddard mit einer durch Benzin und Flüssigsauerstoff angetriebenen Rakete. Beide Stoffe waren leicht zu beschaffen und zu lagern. Die Trennung erforderte jedoch Pumpen, Ventile, Leitungen, Regelapparate und viele andere komplizierte Teile. Goddard musste aus dem Feuerwerkskörper ein richtiges Triebwerk, einen regelbaren Motor entwickeln.

Der US-Amerikaner Robert H. Goddard, Auburn, Massachusetts (März 1926).

Der Russe Konstantin Ziolkowski in seinem Arbeitszimmer (1934). ▼

Es dauerte noch vier Jahre, bis Hermann Oberth 1924, nachdem er ein erstes Mal von Goddard gehört hatte, mit diesem Kontakt aufnahm. Seitdem korrespondierten beide freundschaftlich miteinander. Oberth arbeitete bis 1938 mit kurzen Unterbrechungen als Gymnasiallehrer in seiner Heimat Siebenbürgen in Rumänien. 1923 erschien „Die Rakete zu den Planetenräumen" von Oberth als grundlegende wissenschaftliche Ausarbeitung im Münchener Oldenbourg-Verlag. Vorher hatten etwa zwanzig Verlage eine Veröffentlichung abgelehnt. Das 89-seitige Buch des damals 28-Jährigen lieferte für viele Enthusiasten dieser Zeit eine Initialzündung und wurde schnell populär. Oberth beschreibt darin mit Formeln und Ableitungen, wie eine Weltraumfahrt denkbar sei, und stellt auch das Konzept einer Flüssigkeitsrakete vor. Nur mit dieser Raketenbauweise könne der Mensch in den Weltraum aufsteigen.

Die Raumfahrt beschäftigte Oberth schon als Kind. 1906, als er zwölf Jahre alt war, gab ihm seine Mutter Jules Vernes Buch, das der junge Gymnasiast regelrecht verschlang. Oberth notierte sich Zahlen und Daten aus dem Buch, rechnete herum und entdeckte, dass Vernes Lösungsweg für den Flug zum Mond nicht machbar war. In der Kanonenkugel würde der gewaltige Andruck die Insassen, die Geräte und das Geschoss selbst zusammenpressen. Was aber kann man stattdessen einsetzen? Die Lösung soll ihm der Schriftsteller selbst geliefert haben: Seine Helden hatten Raketen an ihre Kanonenkugel montiert, um damit den Aufprall auf den Mond abzubremsen. Oberth überlegte: Würde eine Rakete im luftleeren Raum überhaupt fliegen? Und als Lösung kam auch er auf das Rückstoßprinzip und 1911 – im Alter von 17 Jahren – unabhängig von Ziolkowski auf die Flüssigkeitsrakete. Auf Verständnis für seine Idee der Raumfahrt, seine Berechnungen und Entwürfe stieß Oberth später im Studium selbst bei den Professoren nicht überall. An der Heidelberger Universität wurde seine Dissertation abgelehnt, denn das Gebiet der Raumfahrt existierte nicht. Oberth kehrte nach Siebenbürgen zurück, machte sein Staatsexamen und wurde Mathematik- und Physiklehrer. Sein Buch konnte nur erscheinen, weil er selbst die Druckkosten übernahm. Er griff dabei auf die Ersparnisse seiner Frau zurück.

Seine Veröffentlichung veranlasste schließlich weitere Enthusiasten, sich mit der Problematik des Weltraumflugs zu befassen und ihre Ideen zu publizieren. Besonders in Deutschland folgte ihnen ein regelrechtes „Raketenfieber". Neben populären Schriften von Max Valier, Otto Willi Gail und Willy Ley gab es wissenschaftliche Arbeiten von Walter Hohmann, Hermann Potočnik (auch mit dem Namen Noordung) und Alexander Boris Scherschewsky sowie Leys Sammelband „Die Möglichkeit der Weltraumfahrt". Vor allem der Astronom und Schriftsteller Valier bot Oberth eine Zusammenarbeit an, um dessen Ideen durch Vorträge, Zeitungsartikel oder ein Buch zu „popularisieren".

Im selben Jahr wie die zweite Auflage von Oberths Buch erschien 1925 das Buch „Die Erreichbarkeit der Himmelskörper" des promovierten Bauingenieurs und Hobby-Astronomen Walter Hohmann. Darin entwarf er ein mathematisches Konzept, wie Raumschiffe andere Planeten erreichen könnten. Das Buch war noch fachlicher als Oberths Buch geschrieben und wissenschaftlich hervorragend, aber so abstrakt gehalten, dass es sich nur schwer verkaufte. Hohmann stand mit Hermann Oberth und Max Valier in Kontakt.

Hermann Oberths bahnbrechendes Werk „Die Rakete zu den Planetenräumen" (1923).

Walter Hohmann (1928).

Unterdessen setzte Goddard seine Versuche, unterstützt von der Guggenheim-Stiftung, im US-amerikanischen Roswell (Neu-Mexiko) fort. Auf einem Raketenversuchsplatz erhob sich dort am 30. Dezember 1930 die erste große, drei Meter lange Goddard-Rakete. Die zuletzt aerodynamischen Flüssigkeitsraketen flogen 2.000 Meter hoch, 4.000 Meter weit und erreichten eine Geschwindigkeit von 800 Stundenkilometern. Am 14. Oktober 1935 beendete er seine Versuchsserie trotz weiterer Stabilisierungsprobleme. Alle seine Versuche wurden erst 1936 bekannt, denn der Forscher hatte die ganzen Jahre über geschwiegen.

In Deutschland haben die zahlreichen Publikationen die breite Öffentlichkeit auf die Raumfahrtidee aufmerksam gemacht. Viele bis dahin individuelle Träumer traten nun hervor, äußerten ihre Gedanken und suchten miteinander Kontakt. Die weltweit erste Vereinigung, die sich mit der Eroberung des Weltraums beschäftigte, war der Verein für Raumschiffahrt (VfR). Die Initiative dazu ergriff Max Valier, der in einem Brief an Willy Ley die Gründung eines Klubs anregte, um Oberths Raketenversuche zu finanzieren. In dem Brief berichtete Valier auch über Johannes Winkler in Breslau, der sich um die juristischen Aspekte einer solchen Vereinsgründung kümmern könne. Ley nahm Kontakt mit Winkler auf, und am Abend des 5. Juli 1927 gründeten sie in einem Nebenzimmer des „Wirtshauses zum goldnen Zepter" in der damals deutschen Stadt Breslau den VfR. Zu den etwa zehn Gründungsmitgliedern, darunter auch eine Frau, gehörten Max Valier, Johannes Winkler, Willy Ley und Walter Neubert aus München. Winkler, der als Theologe in der Kirchenverwaltung arbeitete, wurde zum Vorsitzenden gewählt. Er übernahm auch die Herausgabe der Monatsschrift „Die Rakete". Diese weltweit erste Zeitschrift für Weltraumfahrt behandelte mathematisch-physikalische Grundlagenprobleme der Raketentechnik und Raumfahrt und gab wissenschaftliche Diskussionen wieder.

Dem VfR ging es unter anderem darum, ein Entwicklungs- und Versuchsprogramm für Motoren, Treibstoffe, Baumaterialien und Konstruktionsformen zu starten. Im August gewann man auch Hermann Oberth als Mitglied. So wie Walter Hohmann trat er im November dem Vorstand bei. Nach einem halben Jahr zählte der VfR bereits über 500 Mitglieder (etwa 100 waren Techniker und Ingenieure). Im September 1929 waren es schon 870 und bald danach über 1.000. Dem Verein gehörten im Grunde alle Männer an, die sich mit Rakete und Raumfahrt einen Namen gemacht hatten. Mitglied wurden aber auch interessierte Laien, die später die Entwicklung der Raketentechnik entscheidend beeinflussten und vorantrieben. Nach zwei Jahren ersetzte ein bescheidenes Mitteilungsblatt die Zeitschrift, die aus Geldmangel eingestellt wurde. Der Verein verlor dadurch über 600 Mitglieder.

Das Interesse für die Raumfahrt entstand in einer Zeit, die von einer großen Arbeitslosigkeit geprägt war. Um 1927 begann sich Deutschland von der Inflation des Jahres 1923 zu erholen. Doch die Lage blieb schwierig. Einige der frühen VfR-Mitglieder hatten keine regelmäßige Arbeit. Der Verein bot ihnen eine Aufgabe, einen Ausweg und ein fast utopisches, aber doch in der Ferne erreichbares Ziel. Diese Situation verstärkte sich noch im Depressionsjahr 1930.

Die Experimente des VfR begannen am 23. November 1927 bei Obernigk, 26 Kilometer nördlich von Breslau gelegen. An diesem Tag flog die Breslauer Modell- und Segelflugzeugbau-Gesellschaft kleine Doppeldecker-Modelle, und der Verein für Raumschiffahrt nahm an der Veranstaltung teil. Er rüstete die Flugzeuge mit eigenen Raketen aus. Zu welchem Zeitpunkt die Versuche mit größeren Raketen starteten, ist nicht leicht zu beantworten. Soll man die zahlreichen Raketenexperimente von Vereinsmitgliedern dem VfR zurechnen oder nicht? Die eigentlichen VfR-Raketenversuche begannen 1930 auf dem Raketenflugplatz Berlin. Die Geschäftsstelle des Vereins war im Sommer 1929 von Breslau nach Berlin verlegt worden (Winkler hatte den Vorsitz abgegeben). Und es tauchten neue Gesichter auf: 1928 war ein Ingenieur aus Bayern, Rudolf Nebel, auf Anregung von Ley Mitglied und Sekretär des VfR geworden. 1930 traten der damals 18-jährige Rolf Engel, der gleichaltrige Wernher von Braun und der 23-jährige Klaus Riedel dem Verein bei.

Auch Hermann Potočnik (1892–1929), ein österreichischer Offizier, Elektrotechniker und Raumfahrtpionier slowenischer Herkunft, kam zum VfR. Ein Beitritt war auch per Post möglich, daher ist es nicht verwunderlich, dass sich die Mitglieder in der ganzen Welt verteilten. Als Ingenieur widmete sich Potočnik ab 1925 ausschließlich der Raketen- und Raumfahrttechnik. Vermutlich im Oktober 1928 veröffentlichte er unter dem Pseudonym Hermann Noordung sein einziges Buch („Das Problem der Befahrung des Weltraums – Der Raketenmotor"), das sein Berliner Verleger Richard Carl Schmidt mit dem offiziellen

Das „Wirtshaus zum goldnen Zepter" in Breslau, Gründungslokal des Vereins für Raumschiffahrt.

Die Rakete
Zeitschrift für Raumschiffahrt
In 1½ Stunden um die Erde
Breslau Januar-Juni 1927
Ergänzungsheft

„Die Rakete, Zeitschrift für Raumschiffahrt" (1927).

Erscheinungsjahr 1929 drucken ließ. Eigentlich stellt es ein Lehrbuch dar mit etwa 100 Skizzen und Zeichnungen. Zu Beginn werden die physikalischen Gesetze bei Flügen ins All beschrieben: Schwerkraft, unterschiedliche Umlaufbahnen, Raketenantrieb, Start und Landung einer Rakete oder eines Raumfahrzeugs. Danach geht es um die Auswirkungen der Schwerelosigkeit auf den Menschen und die Möglichkeiten des Lebens im Weltraum. Der folgende, wichtigste Teil zeigt den ersten Detailplan für eine dreiteilige Raumstation mit Wohnraum in Form eines Spinnrads, die zur Erzeugung künstlicher Schwerkraft rotieren sollte, ein Kraftwerk, das über Parabolspiegel Energie aus der Sonnenstrahlung gewinnt, und ein Observatorium. Kabel sollten die drei Teile verbinden. Hermann Potočnik war damit der erste Planer menschlicher Behausungen im Weltraum. Das Buch endet mit einem Blick in die Zukunft der menschlichen Eroberung des Weltraums. Potočnik verbrachte die letzten vier Jahre seines Lebens in Wien und widmete sich ausschließlich dem Plan, ins All vorzudringen. Warum er unter Pseudonym schrieb, ist nicht bekannt. Mitglieder des VfR wussten

Die dreiteilige Raumstation von Hermann Noordung (1929): Der Hohlspiegel sammelt das Sonnenlicht in der Mitte des „Spinnrads“, um Strom zu gewinnen.

Hermann Noordung (Potočnik, 1929).

im Jahr 1929 offenbar nicht, wer Noordung war. Ley erfuhr 1944 von Potočniks Identität und enthüllte sie in seinem Buch „Raketen“.

Die amerikanische Raumfahrtbehörde NASA untersuchte in mehreren Studien die technischen Möglichkeiten zum Bau seiner beschriebenen Station. Eine solche Station würde es Astronauten ermöglichen, sich unter Bedingungen künstlicher Schwerkraft eine längere Zeit im Weltraum aufzuhalten. Zu diesem Zweck schuf die NASA eine Art Karussell als Simulator. Sie testete die Reaktionen von Menschen bei unterschiedlichen Rotationsgeschwindigkeiten. Im August 1964 patentierte die NASA eine aufblasbare, rotierende, radförmige Raumstation. Hierbei handelte es sich um eine nahezu perfekte Kopie von Noordungs Idee, einschließlich des Sammelspiegels in der Mitte der Station. Doch der Bau einer Raumstation war technisch zu anspruchsvoll, man gab die Pläne auf.

2

Max Valier – das Raketenauto

Der österreichische Physik- und Astronomiestudent Max Valier (1895–1930) begann seine ersten Raketenversuche im Jahr 1928. Er hatte im Alter von 28 Jahren Oberths Buch gelesen. Von ihm inspiriert schrieb er das Buch „Der Vorstoß in den Weltenraum“ (1924), das in populärer Form den Flug ins All beschreibt und ein Bestseller wurde. Das Mitglied des Vereins für Raumschiffahrt hielt über zweihundert Vorträge und verfasste unzählige Artikel. Doch er brauchte weiter Geld für die Verwirklichung seiner Raketenpläne und wandte sich an Unternehmen und Verbände. Um den Weltraum zu erobern, plante er zunächst eine Analyse bekannter Raketentypen und die Erprobung raketengetriebener Bodenfahrzeuge. Danach wollte er in weiteren Schritten über Raketenflugzeuge zum Weltraumschiff gelangen. Für die Verwirklichung seiner ersten Stufe konnte Valier Ende 1927 den Industriellen Fritz von Opel in Rüsselsheim gewinnen. Der Unternehmer hoffte für sich auf eine wirksame Werbung, sodass er Fahrzeuge und die werkseigene Teststrecke für Versuche zur Verfügung stellte. Die dafür benötigten Antriebsraketen lieferte der Ingenieur Friedrich Wilhelm Sander, VfR-Vorstandsmitglied und Besitzer einer pyrotechnischen Fabrik. In Wesermünde (heute Bremerhaven) fanden die notwendigen Vorversuche statt.

Valier wollte Sander überreden, seinen 4-PS-Opelwagen für eine Raketenfahrt zur Verfügung zu stellen. Doch der Fabrikant lehnte ab. Drei Wochen später standen den beiden in Rüsselsheim genügend Fahrzeuge parat. Auf einem wurde eine hölzerne Pritsche für die Rakete montiert. Ans Steuer setzte sich der frühere Rennfahrer Kurt Volkhart. Der Wagen besaß weder einen Motor noch ein Getriebe. Aus den beiden Raketen mit einem Schub von knapp 100 Kilogramm hingen die Zündschnüre, Monteure entzündeten sie und gingen in Deckung. Das Feuer schlug in die Raketen, eine mächtige Rauchwolke quoll empor, hinter der sich kleine, scharfe Feuerstrahlen versteckten. Der Wagen rollte mit zügiger Schrittgeschwindigkeit und blieb nach 150 Metern stehen. Das war die erste Raketenwagenfahrt der Welt. Aber von Opel reagierte mit einem Lachanfall und amüsierte sich über Valier. Nach einer Stunde startete ein weiterer Versuch mit 300 Kilogramm Schub. Diesmal schoss der Wagen wie ein Pfeil vorwärts, es wurden 75 Stundenkilometer gemessen.

Nach einem Monat war der eigens entworfene Versuchswagen Opel Rak 1 fertig. Die glatte Hinterfront bot Platz für zwölf starke Pulverraketen. Zwei Versuche fanden auf der ovalen Opelrennbahn statt mit sechs beziehungsweise acht Raketen und bis zu 80 Stundenkilometern. Am nächsten Tag, dem 12. April 1928, sollte der Presse mit allen zwölf Raketen die volle Ladung präsentiert werden. Nach dem Start beschleunigte der Wagen innerhalb von acht Sekunden auf 125 Stundenkilometer, raste an der Tribüne vorbei und bog in die erste Kurve ein. Für einen Moment setzte der Feuerstrahl aus. Volkhart konnte diesmal „Gas geben und wegnehmen“.

Der Österreicher Max Valier, vollkommen ungeschützt bei einem statischen Test: Die Rakete steht auf einer Waage. Valier misst den Schub, indem er ein Gewicht mit der Hand hinzugibt.

Wieder auf der Geraden, trat er erneut aufs Pedal, wieder schossen Flammen aus dem Heck und der Wagen vollendete eine volle Runde. Die Zuschauer zeigten sich ergriffen.

Eigentlich wollte Valier selbst die erste Fahrt in Berlin auf der AVUS mit dem neuen Opel Rak 2 übernehmen. AVUS steht für Automobil-, Verkehrs- und Übungsstraße: Diese Rennstrecke war bei ihrer Eröffnung 1921 die erste Straße der Welt, auf der nur Autos fahren durften. Von Opel erschien aber ohne Valier im Grunewald. Der Fabrikant stieg am 23. Mai 1928 vor 2.000 Zuschauern und Pressevertretern in den Wagen. Die nahezu geradlinige Rennstrecke verband die Nordkurve in Charlottenburg mit der Südkurve am Nikolassee zu einem rund 49 Kilometer langen Rundkurs, mit vier gefährlichen Kurven. Der Wagen war inzwischen mit 24 Raketen bestückt und besaß kurze Flügelstummel, die ihn in voller Fahrt an den Boden drücken sollten. Von Opel erreichte eine Geschwindigkeit von 230 Stundenkilometern. Der Fabrikant und Valier gingen fortan getrennte Wege.

Max Valier hatte im selben Jahr in der Firma J.F. Eisfeld, einem Hersteller pyrotechnischer Artikel in Silberhütte (Harzgerode) in Sachsen-Anhalt, einen neuen Partner gefunden. Er baute nun Schienenfahrzeuge, zunächst für das Werksgleis der Firma, dann auch für Versuche auf einer 500 Meter langen und geraden Strecke der Harzbahn. Schon im Sommer erreichte der Schienenwagen Eisfeld-Valier Rak 1 bei der ersten Probefahrt eine Geschwindigkeit von mindestens 180 Stundenkilometern. Am Ende schoss der Wagen vermutlich doppelt so schnell aus den Schienen und wurde zertrümmert. Erneut trennte sich Valier von einem Partner. Das nächste Fahrzeug Eisfeld-Valier Rak 2 baute Eisfeld ohne den Raketenpionier. 36 Kupferhülsraketen wurden entzündet, die Zündungswucht zerstörte aber den Wagen.

Auch Fritz von Opel ging nun auf die Schiene, um noch höhere Geschwindigkeiten zu erreichen und die Pulverraketen maximal auszutesten. Am 23. Juni 1928 schickte er, inzwischen Ehrenmitglied des VfR, vor 2.000 Zuschauern den unbemannten Raketenschienenwagen Opel Rak 3 mit zehn Pulverraketen ins Rennen. Auf der geraden Reichsbahnstrecke bei Kleinburgwedel zwischen Hannover und Celle wurden 256 Stundenkilometer gemessen, das bedeutete Weltrekord. Bei einem zweiten Versuch mit 30 Raketen und anvisierten 400 Stundenkilometern verlor das Gefährt jedoch die Spur, überschlug sich und fiel auseinander. Auch der Versuch am 4. August (Opel Rak 4) führte mit verdoppeltem Gewicht kurz nach dem Start zu einer Explosion und scheiterte. Daraufhin untersagten die Behörden die Fahrt des bereitstehenden Opel RAK 5.

Ein Jahr später unternahm von Opel am 30. September 1929 auf dem Frankfurter Flugplatz Rebstock zuletzt einen bemannten Raketenflug. Der Flugzeugkonstrukteur Julius Hatry entwickelte dafür einen Eindecker mit hochliegender Tragfläche aus Holz und Leinwand mit doppeltem Leitwerk. Der Pilot saß vorn im Rumpf, hinter ihm befand sich der Raketenkasten für 16 Pulverraketen von Sander. Das Leitwerk war so hoch abgestrebt, dass der Feuerstrahl des Antriebs es nicht erreichen konnte. Das Raketenflugzeug Opel-Sander RAK 1, das weltweit erste für einen Raketenantrieb gebaute Flugzeug, erreichte beim dritten Versuch eine Höhe von 30 Metern und legte mit etwa 100 Stundenkilometern in 80 Sekunden knapp zwei Kilometer zurück. Allerdings endete der Flugversuch mit einer Bruchlandung. Dabei zerbrach die Landungskufe und der Boden des Rumpfes wurde komplett abrasiert. Fritz von Opel überstand

Max Valier in einem Raketenauto auf der Berliner AVUS (Dezember 1929).

die Landung unbeschadet, er hing nur noch in den Gurten. Seine Raketenversuche beendete er jedoch nach diesem Flug.

Auch Valier blieb weiter aktiv und ging nun aufs Eis. Er baute einen Raketenschlitten mithilfe der Firma Karosseriebau Kogel in München. Das Gefährt sollte bis zum Wintersportfest des Bayerischen Automobil-Clubs am Eibsee fertiggestellt sein. Der Schlitten wurde Valier Rak Bob 1 getauft und erreichte schon am 22. Januar 1929 bei einer unbemannten Probefahrt auf dem Flugplatz Schleißheim bei München mit acht Raketen 110 Stundenkilometer. Die Fahrt am 3. Februar übernahm die Frau des Erfinders, die Wienerin Hedwig Valier. Sie beschrieb die Beschleunigung als „himmlisch“, nach hundert Metern endete aber ihr Ausflug. Ehemann Max übernahm danach das Steuer und erreichte mit zwölf Raketen 100 Stundenkilometer. Eine Woche später feierte man ein Eisfest auf dem Starnberger See. Mit einem Sandsack hinter dem Steuer wurden 400 Stundenkilometer erzielt, bevor das Gefährt nach einer Rechtskurve zerbrach.

Im Frühjahr 1929 wandte sich Valier dem Raketentriebwerk mit flüssigen Treibstoffen zu. Er wählte Sauerstoff und knüpfte Anfang 1930 Kontakte zur Firma Dr. Heylandt in Berlin-Britz.

Rak 2 auf der AVUS: Erst am Startplatz werden die 24 Sander-Raketen eingesetzt und die Kabel mit der elektrischen Zündanlage verbunden (23. Mai 1928).

Die Firma stellte Geräte und Apparate für die Erzeugung und den Transport von flüssigem Sauerstoff her. Eines Tages kam auch der Raketenwagen Rak 7 nach Britz, mit dem Valier schon unter Pulverdampf gefahren war. Die Versuchsingenieure schmunzelten. Auch wenn Heylandt aushalf, es fehlte Valier an Geld. Er musste Vorträge und Vorführungen veranstalten. Da ihm ein geeigneter Antrieb fehlte, nahm er Kohlensäureflaschen zu Hilfe. Vor Pressevertretern ließ er zwei Tage vor Weihnachten auf der AVUS sein Raketenauto rollen, hinter sich eine riesige Schleppe aus kondensierter Luftfeuchtigkeit. Nach den Feiertagen begann er mit der Entwicklung der Flüssigkeitsrakete, für die er zwei Monate brauchte. Bei den Prüfstandsversuchen stellte sich der Erfinder einfach vor der senkrecht nach oben strahlenden Brennkammer in seiner Werkstatt auf. Alle Vorsichtsmaßnahmen fehlten, die Feuerstrahlen erhitzten sein ungeschütztes Gesicht. Im Zentrum der Versuche stand eine ganz gewöhnliche Waage, mit der Valier den Schub seiner Brennkammer mit Gewichten wog.

Am 17. April 1930 fuhr Valier mit dem Raketenwagen auf dem Gelände der Firma Heylandt umher und zwei Tage später auf dem Flughafen Tempelhof. Vor der geladenen Presse wurde

Max Valiers Buchtitel „Raketenfahrt" (1928).

zum ersten Mal in Deutschland ein Raketenantrieb mit flüssigen Treibstoffen präsentiert. Valier erklärte den Journalisten, dass er ihnen hier den ersten kleinen Anfang des Flugzeugmotors der Zukunft, des Motors für Schnell-Luftverkehr durch die Stratosphäre, vorführe. Gleichzeitig zeigte der Shell-Konzern für Valiers Versuche Interesse. Dieser war nun so weit, einen Raketenmotor für Flugzeuge zu entwickeln. Bedingung jedoch war, dass der Erfinder das Shell-Öl, Paraffin, als Brennstoff verwendete. Am 17. Mai 1930 verliefen zunächst zwei Laborversuche gut. Beim dritten traten Stöße auf, die Traverse und der Waagebalken wurden verbogen. Beim vierten kam es zu einer heftigen Explosion, bei der ein Splitter Valiers Lungenschlagader traf. Er brach zusammen und starb mit 35 Jahren, die Rakete forderte ihr erstes Opfer.

3
Reinhold Tiling – das Raketenflugzeug

Bereits 1927 beschäftigte sich Reinhold Tiling in Osnabrück mit der Raketentechnik. Der Ingenieur, ebenfalls angeregt durch Oberths Buch, experimentierte mit rückführbaren, mit Schwarzpulver gefüllten Feststoffraketen. Tiling erfand die „innenballistische Stufen- oder Mehrkammerrakete". Die jeweils ausbrennende Kammer zündete übergreifend direkt die Ladung der nächsten. Zum Verlassen des Erdschwerefelds muss die Rakete auf eine Geschwindigkeit von 11,18 Kilometern pro Sekunde beschleunigen. Deshalb hat Tiling auch die Experimente von Opel und Valier abgelehnt. Sie seien für diesen Antrieb nicht geeignet. Im April 1928 begann er seine Versuche mit handelsüblichen Feuerwerksraketen. Dazu hatte ihm Gisbert Freiherr von Ledebur ein Gelände auf seinem Gut Arenshorst (20 Kilometer nordöstlich von Osnabrück) zur Verfügung gestellt. Hier entstand im Folgejahr eine neuartige Rakete: ein schlanker Aluminiumkörper, in seinem Innern eine Röhre für die Treibladung. Der Treibsatz war im Rumpf untergebracht. Für die Stabilisierung sorgten vier lange Flossen. Aus zwei von ihnen, die sich gegenüberlagen, klappten in Gipfelhöhe automatisch zwei Tragflächen heraus. Sie verwandelten das Gerät in ein Gleitflugzeug. Für eine Variante nach dem Kreiselmodell sah der Konstrukteur das Tragschrauberprinzip vor. Dabei klappten die Leitflossen so um die Längsachse der Rakete aus, dass diese hubschrauberähnlich in einer Spiralenbahn zur Erde zurückkehren konnte. Ein Raketenflugzeug sollte geschossähnlich starten und flugzeugähnlich landen können.

Im Herbst 1929 fanden Tilings erste Schauflüge bei Osnabrück und seit Dezember 1930 für weiter fliegende Raketen auf der Insel Wangerooge statt. Rudolf Nebel versuchte vergeblich, auf dem Raketenflugplatz mit Tiling zusammenarbeiten. Der fühlte sich jedoch mit seiner eigenen Gruppe den jungen Männern in Berlin weit überlegen. Tiling konnte bereits nachweisen, dass Schwarzpulverraketen mindestens sieben Kilometer weit fliegen. Seine Raketen flogen sicher und stabil wie Pfeile durchschnittlich drei Kilometer hoch und trafen meist ohne Beschädigung wieder auf dem Boden auf.

Eingang in die Raketenhistorie verschaffte sich Tiling auch durch die Idee einer Postrakete. Vor allem die friesischen Inseln sollten vom Festland aus mit Post versorgt werden. Am 15. April 1931 beförderte eine Tiling-Rakete vor 200 geladenen Gästen in ihrem Kopf 188 Postkarten. Der Ingenieur führte seine Flügelrakete erfolgreich bei Flugtagen vor. Auf dem Gelände des Flughafens Berlin-Tempelhof hob am 13. November 1932 eine Pulverrakete ab und segelte nach Brennschluss mit ausgeklappten Flügeln wieder zu Boden. Auf einer seiner Berlin-Reisen besuchte Tiling auch den Raketenflugplatz. Auch er dachte inzwischen daran, Flüssigtreibstoffe zu verwenden, und hatte schon entsprechende Konstruktionen gefertigt. Dabei wollte

Reinhold Tiling stellt zum 1. Osnabrücker Raketenflugtag am 21. August 1932 seine Schwenkflügelrakete FTL4a auf dem Flugplatz Osnabrück-Atterheide vor.

Start einer Tiling-Postrakete mit Pulverraketen im Ochsenmoor südlich des Dümmersees am 15. April 1931.

◄ Vorführung der Rakete FTL4a mit Spreizflossen in Berlin auf dem Tempelhofer Feld (30. Oktober 1932).

er Riedels Raketenmotor in seinen Flugkörper einbauen. Aber diesmal wollten ihrerseits die Berliner nicht kooperieren: Sie hielten Tilings Gerät für Spielzeug und das Baumaterial für instabil. Dennoch besuchte Wernher von Braun einige Zeit später die Werkstatt von Tiling bei Osnabrück.

Zurück in Arenshorst kam es 1933 an der Pulverpresse für die Treibsätze zu einer Explosion. Im Nu stand das ganze Labor in Flammen. Nach schweren Verbrennungen verstarb Reinhold Tiling im Alter von 40 Jahren am 11. Oktober. Eine Assistentin und ein Mechaniker wurden ebenfalls getötet. Tiling soll dem Freiherrn noch über die vermeintlichen Ursachen und den Verlauf des Unglücks berichtet haben. Im Dezember 1934 ließ die Heeresleitung Tilings Werkstätten schließen. Beamte der Geheimen Staatspolizei (Gestapo) beschlagnahmten die Versuchsprotokolle, die seitdem verschwunden sind.

Die Werkstatt von Reinhold Tiling bei Osnabrück.

4

Hermann Oberth baut eine Filmrakete

Die junge Raketentechnik und Raumfahrt erhielt 1929 einen weiteren Schub: In den Kinos lief im Oktober der UFA-Monumentalfilm „Frau im Mond“ an, ein früher Science-Fiction-Film. Als wissenschaftlicher Berater des Weltraumepos fungierte seit Juli der inzwischen bekannte „Raketenprofessor“ Hermann Oberth. Der Regisseur Fritz Lang war berühmt durch den expressionistischen Film „Metropolis“ und die Verfilmung der Nibelungen-Sage. Er „beauftragte seinen Buchhändler, ihm alle einschlägige Literatur zuzusenden. Er las die ‚Möglichkeit‘“ (Buch von Willy Ley) „und wagte sich sogar an Oberths ‚Rakete zu den Planetenräumen‘ heran.“[11] Der Raketenpionier sollte vor allem in den Babelsberger UFA-Werkstätten eine Rakete bauen. „Aber die Buchhaltung wollte wissen, wofür das Geld gezahlt wurde, es konnte nicht einfach jemand für Versuche in die Hand gedrückt werden. Es mußte da ein Konto geben. Das einzige Konto, auf das man so etwas abwälzen konnte, war das Reklamekonto. (…) In Wirklichkeit wissenschaftliche Versuche“.[12] Die Rakete sollte, angetrieben von einem Benzin-Sauerstoff-Gemisch, zur Premiere aufsteigen.

Oberth fuhr zum Atelier in Babelsberg auf dem Fahrrad, was einige Mitarbeiter amüsierte. Genauso wie sein Wunsch, im Filmatelier ein Nachmittagsschläfchen zu halten. Er fertigte sich einen Stempel „Raketenabteilung der UFA“. Über ein Zeitungsinserat suchte Oberth im Spätsommer nach einem Assistenten. Unter den Bewerbern meldete sich der frühere Kriegspilot Rudolf Nebel. Der studierte Diplom-Ingenieur hatte bereits als Jagdflieger im Ersten Weltkrieg mit Raketen experimentiert. Er montierte an seinem Flugzeug unter jeder Tragfläche zwei Pulverraketen mit einem Kaliber von 15 Zentimetern, jeweils mit einem Sprengkopf bestückt. Beim Abschuss hinterließen die Raketen durch den rauchigen Abbrand einen Nebelschweif.

Für den Entwurf und den Bau der UFA-Filmrakete blieben nur drei Monate. Oberth und Nebel mussten eine Flüssigkeitsrakete entwickeln, die am Ende auch tatsächlich abhob. Den beiden Raketenforschern richtete die UFA eine Werkstatt auf dem Filmgelände in Neubabelsberg ein. Sie stellte für den Bau 10.000 Mark, später noch einmal 7.500 Mark zur Verfügung. Die Hälfte aller Unkosten aber bestritt Fritz Lang selbst. Um das Publikum zu beeindrucken, sollte die Rakete 13 Meter hoch sein, was nicht realisierbar war. Die beiden Raketenpioniere konnten die Filmemacher zu einer kleineren Versuchsrakete überreden. Als Treibstoffgemisch waren 16 Liter Benzin und Sauerstoff geplant. Nebel schreibt dazu: „Oberth und ich skizzierten ein Modell, das große Ähnlichkeit mit der späteren V2 hatte, aber erheblich kleiner war. Während die V2 vierzehn Meter hoch war, hatte die Propagandarakete der UFA eine Länge von zwei Metern. Unsere Berechnungen ergaben, daß dieser Apparat 40 km Höhe erreichen konnte. Die UFA-Werbeabteilung war begeistert. Noch am gleichen Tage veranstaltete sie eine

In dem Science-Fiction-Film „Frau im Mond" spielen Gerda Maurus (Friede Velten) und Willy Fritsch (Wolf Helius) mit.

Pressekonferenz und posaunte in die Welt hinaus, dass die UFA-Rakete 70 km hochsteigen würde."[13]

Oberth entwickelte zusätzlich mit der Kegeldüse eine Raketenbrennkammer. Seine Treibstoffexperimente verursachten bei den ersten Tests eine Explosion des Gemischs aus Alkohol und Flüssigsauerstoff. Dabei wurde der Raketenpionier durch die Werkstatt geschleudert. Sein Trommelfell platzte, sein linkes Auge war zeitweise gefährdet. Bei allen Mühen schaffte es das Team um Oberth und Nebel nicht, bis zur Filmpremiere die Rakete fertigzustellen. Mittlerweile waren auch der 18-jährige Student Wernher von Braun, Rolf Engel sowie der Ingenieur Klaus Riedel zu den Raketenbauern gestoßen. Von Braun war in der Schule wegen schlechter Noten in Mathematik und Physik sitzengeblieben, und er hatte Oberths Buch entdeckt. Riedel ersetzte Oberths zweiten Assistenten, den Russen Alexander Scherschewsky. Am 19. Oktober fand die Erstaufführung von „Frau im Mond" statt. Der 161 Minuten lange Film, einer der letzten Stummfilme, entwickelte sich zum größten Kassenschlager der Lichtspielsaison.

Dem Film liegt der gleichnamige Roman Thea von Harbous zugrunde. Darin nehmen sechs Menschen an der ersten Mondfahrt teil. Der merkwürdige Professor Manfeldt behauptet, dass es auf dem Trabanten Gold gebe. Sein junger Freund Helius hat als Ingenieur die Rakete (und damit auch das Raumschiff) gebaut und ist der Pilot. Der Kriminelle Turner erpresst seinen Mitflug durch Bombenanschläge auf die Raketenwerft und den Diebstahl der Konstruktionspläne. Im Auftrag eines Quintetts von dubiosen Geschäftsleuten soll er die kommerzielle Ausbeutung des Goldes auf dem Mond vorbereiten. Mit an Bord sind weiter Chefingenieur Windegger und seine Verlobte, die Astronomiestudentin Velten, in die auch Helius heimlich verliebt ist, sowie der kleine Gustav, der sich als blinder Passagier an Bord geschmuggelt hat. Unter den grellen Flutlichtern der betonierten Startbasis wird der enorme Metallkörper des Weltraumschiffs von seinen feuerspeienden Antriebsaggregaten aufwärtsgeschleudert. Auf dem Mond kommt es schließlich zum Kampf um das Gold. Professor Manfeldt verunglückt tödlich, nachdem er in einer Grotte tatsächlich – mithilfe einer Wünschelrute – Gold gefunden hat. Turner, der das Raumschiff in seine Gewalt bringen will, wird bei einer Schießerei getötet und einer der Sauerstoffbehälter durch eine verirrte Kugel zerstört. Deshalb muss noch ein Passagier auf dem Mond zurückbleiben, damit der verbliebene Sauerstoff für die Rückreise der übrigen Passagiere ausreicht. Helius bleibt und hofft, dass ihn bald eine zweite Mondexpedition

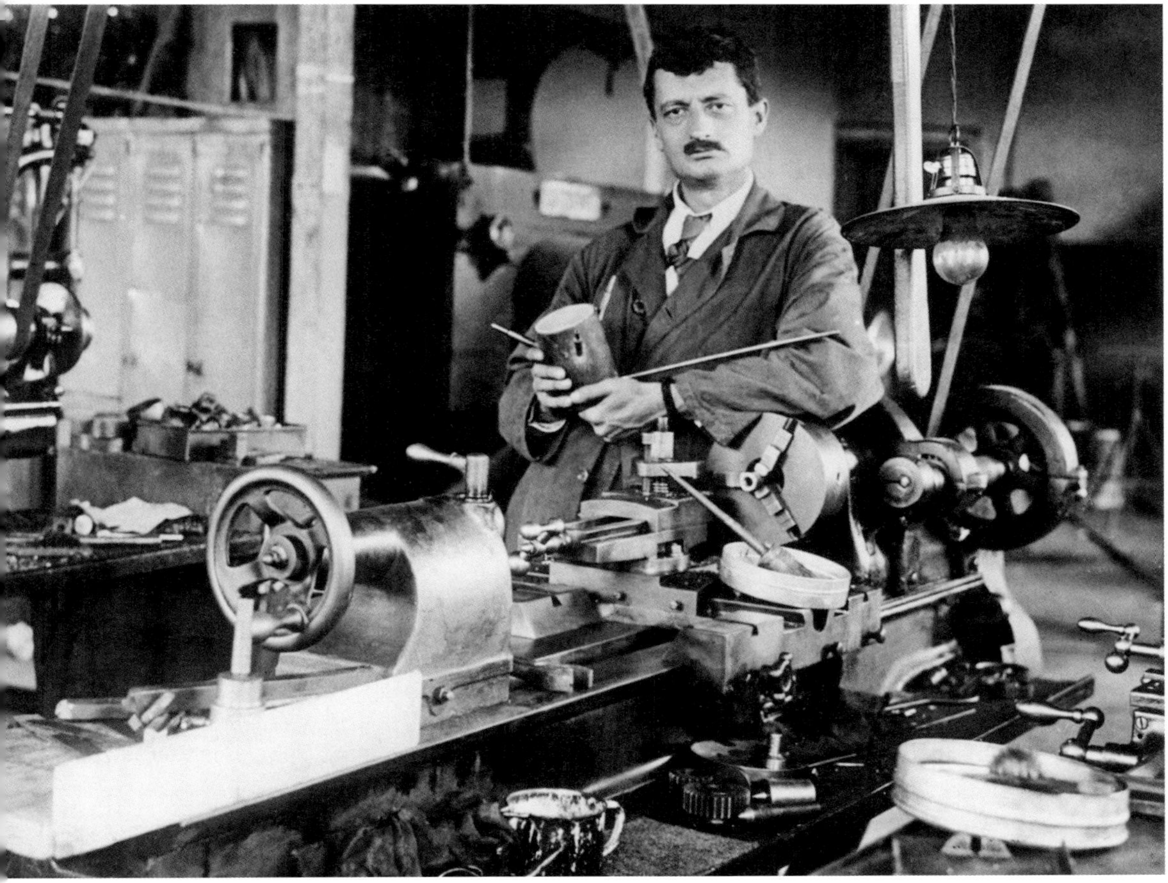

Hermann Oberth in der UFA-Werkstatt (1929).

Ein Modell des Mondschiffs aus dem Film „Frau im Mond".

retten wird. Als er der startenden Rakete nachsieht und sich umdreht, entdeckt er die bei ihm gebliebene Studentin.

Zehntausende Besucher strömten in die Kinos, um sich einfangen zu lassen von der atemberaubenden Illusion eines deutschen Raumschiffs, das erstmals zum Mond flog. Zu den Kinobesuchern zählten auch die Raketenpioniere des Vereins für Raumschiffahrt. Für Valier, Nebel, Ley, Riedel und von Braun wäre „ein Raumfahrtfilm an sich schon sehr schön gewesen; aber ein Raumfahrtfilm von Fritz Lang, nach einem Roman von Thea von Harbou, mit Prof. Oberth als wissenschaftlichem Berater – das war kaum auszudenken."[14] Im „Reichsfilmblatt" schrieb Ley über den Film: „Man hat also den Mut gehabt, die Weltraumrakete zu besteigen und zum Monde zu fliegen! Wenigstens im Film. (…) Ich erinnere mich noch genau, wie Oberth eines Tages eine zu einer ziemlich unwichtigen Nebenrechnung gebrauchte Formel krampfhaft suchte und dabei nicht ganz genießbar war; und es ist mir noch genau im Gedächtnis, wie wir – Fritz Lang, Professor Oberth und ich – bei einer Aufnahme auf der künstlichen Mondlandschaft in Neubabelsberg krampfhaft Kopfrechnen übten, ob denn die Lebensmittelkisten des Raumschiffes für einen Jungen auf dem Monde bei seiner verringerten Schwerkraft leicht zu regieren seien oder nicht. Zum Schluß sagte Professor Oberth einmal: ‚Wissenschaftliche

Rudolf Nebel (l.) und sein Assistent, der 18-jährige Wernher von Braun (1930).

Fehler finde ich, bis auf die Mondatmosphäre, nicht mehr, es sei denn, daß der alte verrückte Mondprofessor sein eigenes Manuskript in 40 Jahren vollkommen zerlesen hat.'"[15] Damit die Darsteller keine Raumanzüge brauchten, hatte Fritz Lang in seinem Film der Rückseite des Mondes eine atembare Atmosphäre verliehen.

Der „Berliner Börsen-Courier" berichtete über die Dreharbeiten: „Zweitausend Quadratmeter Holz bilden das untere Gerüst für die Hügel und Berge dieses Mondes. Vierzig Waggons Seesand, vor der großen Halle, um einen hellen Farbton zu erhalten, noch besonders geröstet, ersetzen Gebirge und Täler der anderen Welt. Und in diesem Gelände weißschimmernder Erde ragt zwölf Meter eine Patrone empor, schwarz und weiß, ein Riesengeschoß mit kleinen Lukfenstern, mit hermetisch sich verschließender Tür: Das Raumluftschiff, das, wie die Manuskriptverfasser es wollen, von Raketenkraft geschleudert zum Monde sich emporbewegte und landete, der erste Vorstoß in eine neue Welt."[16] Doch die Sensationshascherei der UFA schockierte Hermann Oberth und er berichtete, dass „ich schließlich Deutschland verließ, weil ich durch meine Geschäftsfreunde wirtschaftlich und moralisch zu Grunde gerichtet war".[17] Er kehrte im Dezember 1929 in seine siebenbürgische Heimat zurück und wollte nun seine Ziele in Rumänien weiter verfolgen. Was nach Oberths Zeichnungen entstand, war zwar nicht das mit

Die Filmpremiere von „Frau im Mond" am 15. Oktober 1929 im Zoo-Palast, dem bedeutendsten UFA-Uraufführungskino in Berlin: Eine Modellrakete zischt an der Fassade entlang.

der UFA vereinbarte Versuchsgeschoss, wohl aber die erste Brennkammer für eine Flüssigkeitsrakete außerhalb der USA. Die Bezeichnung des Motors als Kegeldüse beschreibt die Form des Verbrennungsraums. Die davon hergestellten Exemplare kaufte der Verein für Raumschiffahrt der UFA für 1.000 Mark ab, um sie vorführfertig zu machen. Der Verein wollte die Reste der nicht gestarteten UFA-Rakete für eigene Versuche verwerten.

5

Der Verein für Raumschiffahrt – erste Tests in Sachsen

Nach dem Bau der Filmrakete und Oberths Weggang konnte Rudolf Nebel wenige Monate später die Chemisch-Technische Versuchsanstalt in Berlin-Plötzensee auf sich aufmerksam machen. Sie stellte für Raketenversuche einen Teil ihres Versuchsgeländes und Werkstatträume bereit. Auch der Prüfstandsversuch eines Raketentriebwerks vor Fachpublikum war geplant. Nebel meldete diese Neuigkeit voller Stolz nach Siebenbürgen, und Oberth kam nach Berlin zurück.

Eifrig begannen die Männer mit der Arbeit und bereiteten den entscheidenden Test vor. Erstmals sollte unter amtlicher Aufsicht ein Raketenmotor seine Funktion unter Beweis stellen. Willy Ley schrieb: „Prof. Oberth leitete (die Versuche), Dipl.-Ing. Nebel, Klaus Riedel, Wernher von Braun und noch andere Mitarbeiter halfen bei der Arbeit, die nicht mehr, wie bei der UFA, unter dem Motto ‚so schnell wie möglich', sondern unter dem stark verschiedenen ‚so billig wie möglich' stand und für alle Beteiligten eine reine Ehrenfrage war."[18] Potenziellen Geldgebern reichte ein zum Teil erfolgreich laufendes Triebwerk oft nicht aus. Sie fragten nach Belegen und wollten nicht allein den sensationslüsternen Berichten über die neue Technik vertrauen. Zu jener Zeit gab es noch wenig Erfahrung mit den hochexplosiven Triebwerken. Eine Anekdote aus dem Jahr 1930 veranschaulicht diese Unkenntnis: Die jungen VfR-Mitglieder Wernher von Braun und Klaus Riedel erzählten Oberth, dass sie zwar enthusiastisch an die Zukunft der Weltraumrakete glaubten, jedoch über keinerlei Erfahrung verfügten. Der „Raketenprofessor" zerstreute ihre Bedenken, indem er sagte, dass auch er selbst keine Erfahrung habe. Er bezweifle sogar, dass überhaupt jemand sie besitze. Im Mai konnte sich Riedel während der „Luftfahrtwoche" im Berliner Kaufhaus Wertheim am Leipziger Platz in der Gartenmöbelabteilung mit seinem Raketenprojekt präsentieren. Auf der kleinen Raketenausstellung stand neben Riedel auch der frischgebackene Abiturient Wernher von Braun und erklärte den Besuchern die Ausstellungsstücke. Wie andere Mitglieder verkaufte er Literatur des Vereins und Postkarten mit Fotos aus der Welt der Raketenforschung.

Schließlich konnten die „Männer der Rakete" einen Erfolg präsentieren: Bei dem Testlauf der Kegeldüse auf dem Gelände der Versuchsanstalt wurde am 23. Juli 1930 zum ersten Mal der fehlerlose Lauf des Raketenmotors von amtlicher Seite beobachtet und bescheinigt. Im Protokoll stand, dass die Kegeldüse über die ersten 50,8 Sekunden einen Schub von sieben Kilogramm lieferte, in den nächsten 45,6 Sekunden sechs Kilogramm. Dabei wurden ein Kilogramm Benzin und 6,6 Kilogramm Sauerstoff verbraucht. Die Austrittsgeschwindigkeit betrug 756 Meter pro Sekunde. Was man beim VfR allerdings nicht ahnte: Den allerersten statischen Brennversuch hatte, ebenfalls mit Flüssigsauerstoff und Benzin, Robert H. Goddard schon

Vortragsabend des Vereins für Raumschiffahrt mit der Oberth'schen Versuchsrakete in einem Saal im Postfuhramt Berlin am 11. April 1930 (v.l.): Johannes Winkler, Willy Ley, Wernher von Braun, Rudolf Nebel, Max Valier, Erich Wurm.

Gruppenfoto vor dem Brennversuch in der Chemisch-Technischen Reichsanstalt mit dem UFA-Raketenmodell im Juli 1930. V.l.: Rudolf Nebel, Franz Ritter, Kurt Heinisch, Hermann Oberth, Klaus Riedel, Wernher von Braun und ein Mechaniker. ►

sechs Jahre zuvor in Massachusetts durchgeführt. In Berlin zog der Leiter der Abteilung Physik der Chemisch-Technischen Versuchsanstalt, Dr. Carl Ritter, aus dem Prüfstandsversuch jedenfalls das Fazit: „Raketen mit derartigen Endgeschwindigkeiten würden bei geeigneter Form wahrscheinlich schon die Stratosphäre erreichen können."[19]

Mit dem Protokoll der Versuchsanstalt versuchte Nebel nun, weitere Geldgeber für das Raketenprojekt zu interessieren. Das Zertifikat sollte Unternehmen und auch staatliche Stellen veranlassen, sich finanziell oder mit Sachspenden zu engagieren. Die Berliner Raketenpioniere blieben optimistisch. Daran konnten auch die Todesfälle Valier und Tiling nichts ändern. „Neue Todesfälle werden bis auf weiteres geheimgehalten", witzelte Klaus Riedel, als er mit der Erprobung des nächsten Raketenmodells begann.[20]

Nach dem erfolgreichen Lauf der Kegeldüse ging man daran, eine „richtige" Rakete zu bauen. Nebel und Riedel entwarfen die „Minimumrakete" (Mirak). Ihre Modelle besaßen anderthalb bis drei Meter Länge und nur wenige Kilogramm Startgewicht. Die Konstruktion der 1-Liter-Rakete war auf das Notwendige zu beschränken: nur Brennraum und Düse sowie die Tanks für Treibstoffe, Rohrleitungen und Ventile, keine äußere Hülle, keine Flossen. Man wählte diesen Namen, weil der Name „Rak" von den Raketenfahrten auf der Straße und der Schiene schon bekannt war. Brennkammerexplosionen waren dabei nicht etwa die Ausnahme, sondern die Regel. Trotzdem durfte die Öffentlichkeit nicht desillusioniert werden, denn man brauchte die finanzielle Unterstützung von privater Seite. Die Raketenpioniere wollten deshalb die Fantasie des Publikums beflügeln.

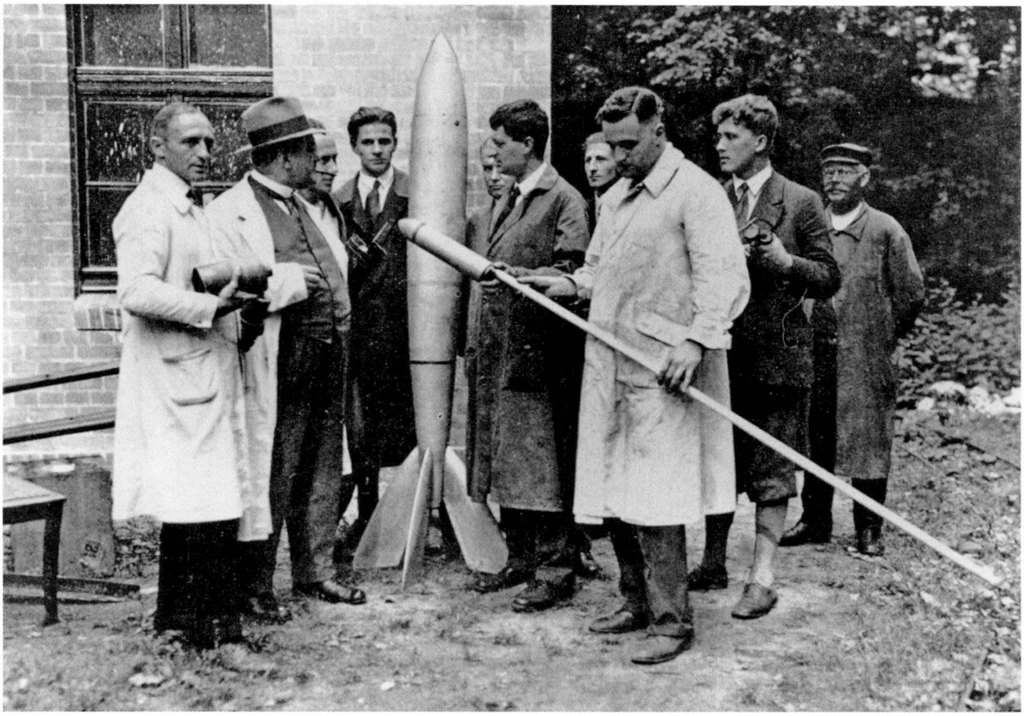

Klaus Riedel und Wernher von Braun während der „Luftfahrtwoche" im Kaufhaus Wertheim mit einer Versuchsrakete (25. Mai 1930).

Vor der Werkstatt der Riedel'schen Fabrik im sächsischen Bernstadt mit dem Wagen von Kurt Heinisch (l.), rechts Klaus Riedel und Rudolf Nebel (außen) (Sommer 1930).

Auf der Suche nach einem Testareal erinnerte sich Riedel an den Bauernhof seiner Großmutter Meta Riedel. Der lag im sächsischen Bernstadt in der Nähe von Görlitz. Großmutter Riedel lud die Raketenplatz-Mannschaft zu einem Urlaub ein. „Es ist schön, dass ihr mich besucht, wir werden euch schon irgendwie unterbringen, mei Häusl däähnt sich. Macht was ihr wollt, aber sprengt mir mei Häusl net in de Luft", meinte sie zu ihrem Enkel.[21] Alle Geräte wurden in Nebels Buick bis zum Dach untergebracht, und man brach für vier Wochen in die Oberlausitz auf. Mit dabei war Kurt Heinisch, der in Berlin eine Ausbildung zum Bäcker machte. Rudolf Nebel schreibt: „Auf einem Acker in der Nähe des Bauernhofs montierten wir die Mirak 1 auf einem Prüfgestell, das in der Werkstatt des Onkels" (von Riedel) „zusammengebastelt worden war. Dieses Gestell hielt die kleine Rakete aufrecht und so fest, daß der Schub, den die Mirak leistete, gemessen werden konnte."[22]

Mit der Mirak wurden erstmalig konzentriert Brennversuche vorgenommen. Rund 140 Tests zeigten, was das kleine Raketentriebwerk leisten konnte. Die beiden Konstrukteure hatten sich eng an dem Bauprinzip der Schwarzpulverrakete orientiert. Die Mirak war 30 Zentimeter lang. Im Kopf steckte der Sauerstofftank, die Kegeldüse bildete den Boden der Rakete.

Meta Riedel, als Großmutter die Förderin von Klaus Riedels Raketenversuchen in Bernstadt, neben einer Mirak-Rakete.

Prüfgestell in Bernstadt auf „Buders Feld“: Der Start wurde von einem sicheren Platz hinter dem Strohhaufen durch den Prunkspiegel der Großmutter beobachtet.

Der Richtstab oder auch Stabilisierungsstab diente als Benzinbehälter, und eine Kohlensäurepatrone lieferte den Förderdruck für das Benzin. Nebel: „Für unsere Versuche brauchten wir in Bernstadt außer Benzin flüssigen Sauerstoff, den ich mit dem Wagen aus Görlitz holte. Doch die kleine Mirak benötigte nicht viel, und wir kamen mit einer Isolierkanne fast eine Woche aus. Es dauerte eine ganze Weile, bis wir hinter die Geheimnisse der automatischen Zündung kamen. (…) Das Benzin wurde mit Hilfe der Kohlensäurepatrone ausgetrieben und dann gezündet. Zum Schluß wurde Sauerstoff hinzugegeben. Auf diese Reihenfolge kam es an. Unser ‚Schutzraum‘ war ein großer Strohhaufen, hinter den wir in Deckung gehen konnten, wenn es Zeit wurde. Durch einen großen Spiegel konnte von diesem Platz aus die Rakete beobachtet werden. Mit einem sogenannten Barographen wurde der Rückstoß der Mirak aufgezeichnet, und wir konnten die Werte für den Druck und die Zeit ablesen.“[23] Der Rückstoß beim ersten Versuch auf dem Acker betrug lediglich 400 Gramm, später steigerten die Raketenpioniere ihn auf zwei Kilogramm und dann sogar auf 3,5 Kilogramm. Nebel: „Mit diesem Schub wäre die Rakete bereits geflogen, wenn wir sie losgelassen hätten. Aber wir wollten erst einige Übung in Brennversuchen haben.“[24]

Am 7. September 1930 geschah nach etwa 20 Brennversuchen die erste Zündung der Mirak. Der Bürgermeister von Bernstadt wurde eingeladen, und es sollte ein großes Ereignis werden.

Klaus Riedel beim Auftanken der Rakete mit flüssigem Sauerstoff.

Start einer Mirak-Rakete, abgeschossen mit einem Bogen, aus dem Garten der Großmutter kurz vor der Explosion.

Nach dem Raketenflug: Klaus Riedel (2.v.l.), Rolf Engel (3.v.l.), Willy Ley (3.v.r.), Kurt Heinisch und Hans Bermüller mit einer am Fallschirm gelandeten Mirak.

Doch kurz nach dem Verlassen des Startgestells explodierte die Rakete. Mit dieser neuen Erfahrung kehrten die Raketenpioniere nach Berlin zurück. Nebel schreibt: „Riedel und ich hatten bereits vorher in theoretischen Berechnungen die Schwäche der Ein-Liter-Rakete erkannt und beschlossen jetzt, die überholte Konstruktion nicht noch einmal zu bauen. Die Versuche in Bernstadt hatten im übrigen gezeigt, daß wir einen ‚Flugplatz' mit eigenen Werkstätten und Wohnungen haben mußten. Mein Traum vom ‚Raketenflugplatz' mußte Wirklichkeit werden."[25]

6

Ein Raketenflugplatz in Berlin-Reinickendorf

Rudolf Nebel erhielt 1930 im Norden Berlins, nicht weit von der Chemisch-Technischen Versuchsanstalt entfernt, ein geeignetes Gelände für Raketenversuche. Zwischen Tegel und Reinickendorf gelegen, standen auf ihm ein einfacher Flachbau sowie Munitionsbunker zwischen Hügeln. Als Nebel „ein schönes Brett fand, sagte er zu dem Mechaniker Bermüller: ‚Mach das sauber und male mit großer Schrift ‚Raketenflugplatz Berlin' darauf!' Wir lachten schallend, aber Hans Bermüller malte das Schild. Am Sonntag darauf nagelten wir es feierlich an die Hauptbaracke."[26] Es war dies der erste Raketenflugplatz der Welt. Am 2. November 1930 erschien auf der Titelseite des „Berliner Tageblatts" folgender (von Willy Ley verfasster) Bericht: „Raketenflugplatz Berlin! In Reinickendorf-West. Auf dem Weg seiner technischen Entwicklung hat Berlin wieder einen Schritt vorwärts getan: (...) Der Raketenprüfstand ist bereits im Bau, die Maschinen für die Werkstatt werden jetzt montiert, die Startgestelle für die Raketen sind schon vor kurzem montiert worden. So hat man rührig in der Stille die Vorbereitungen getroffen, um endlich ans Werk gehen zu können, an jene Versuche, die heute die Öffentlichkeit des In- und Auslandes stark interessieren und die im Mittelpunkt der aktuellen technischen Probleme stehen, deren Lösung von weittragender Bedeutung ist. Was der Arbeit auf diesem Gebiet den besonderen Reiz gibt, ist die Verbindung von wissenschaftlicher Forschung, technischer Leistung und persönlichem Mut, drei Faktoren, die zum schließlichen Gelingen des Experiments zusammenwirken müssen."[27]

Das Wehrkreisverwaltungsamt III hatte das Gelände mit seinen fünf betonierten Gebäuden geprüft und Nebel übergeben. Im Hintergrund des Nutzungsvertrages soll das Heereswaffenamt die Fäden gezogen haben. Der Flachbau bot etwa 100 Quadratmeter Werkstatt- und Wohnfläche. Auf seiner Rückseite dehnten sich die Wiesen bis an den Waldrand. Ein sandiger Zufahrtsweg zweigte vom Spandauer Weg (heute Kurt-Schumacher-Damm) ab. Hier also sollte die zukunftsträchtige Technik entwickelt und erprobt werden. Das etwa vier Quadratkilometer große Gelände lag am Rand des ehemaligen Schießplatzes Tegel. Während des Ersten Weltkriegs wurde hier Munition gelagert, die Erdwälle und Gebäude mit halbmeterdicken Betonwänden waren noch übriggeblieben. Seitlich begrenzten die alten Schießbahnen das Areal. Auf der anderen Straßenseite befand sich die Polizeikaserne Berlins. Das Militär war schon vor Jahrzehnten auf den Schießplatz Kummersdorf etwa 50 Kilometer südlich von Berlin gezogen. Für die wachsenden Reichweiten der Artillerie war dieses Gelände zu klein geworden. Hier in Reinickendorf versammelte Nebel einige seiner Mitstreiter, die vom Flug in den Weltraum träumten.

Am 27. September 1930 feierte man im kleinen Kreis die Eröffnung des Raketenflugplatzes. Für eine symbolische Pacht von zehn Reichsmark (ohne Betriebskosten) besaßen die

Raketenpioniere für ihre Versuche endlich ein Testareal. Nebel kamen immer neue Ideen, den Platz bekannt zu machen. Die Medien zeigten Interesse. So hieß es im Bericht des „Berliner Tageblatts“: „Vor allem soll gründliche wissenschaftliche Arbeit geleistet werden, um verwendbare Hochleistungsraketen zu erhalten.“[28] Willy Ley beschrieb später die Ausgangslage: „Nebel und Riedel zogen dann in die beiden kleinen Zimmer“ – früher wohl das Wachhaus. „Der Mannschaftsraum diente als Speicher für die kommenden Wintermonate; es stand da die Oberthrakete in einer Ecke und der Prüfstand für die erste Mirak in einer anderen.“[29] Nach und nach richtete man sich in dem Gebäude ein, organisierte einen Strom- und einen Wasseranschluss. Klaus Riedel „hatte eine benachbarte verlassene Fabrik inspiziert, in der früher einmal Schuhputzmittel hergestellt worden war. Hier gab es einen Stromanschluß und Kabel, und diese Kabel standen noch unter Strom. Daraufhin organisierten wir elektrische Leitungen, die wir über Bäume verlegten und damit das Hauptgebäude und die Werkstatt anschlossen.“[30] Die Aufbauten ausrangierter Reichsbahn-Güterwagen lieferten Brennholz für die Kanonenöfen, aber auch Dielen für den nackten Betonboden.

Finanziell unterstützte der tschechische Hutfabrikant Hugo Hückel, VfR-Mitglied und Weltraumenthusiast, den Ausbau des Platzes. Über seine monatliche Zuwendung an den Verein für Raumschiffahrt wollte er stärker Einfluss auf die Vereinsarbeit und auch auf die Forschung auf dem Raketenflugplatz nehmen. Weitere Firmen wurden um Material oder Mobiliar gebeten. Die Finanzierung war damals schwierig. Zum einen lag das an der wirtschaftlichen Situation, zum anderen aber an der noch bestehenden Skepsis gegenüber der neuen Technik. Es herrschte auf dem Platz ein permanenter Geldmangel. Die Spenden von Firmen und Privatpersonen reichten bei Weitem nicht aus, die kostenintensiven Entwicklungen und Versuche zu finanzieren.

Klaus Riedel schrieb seiner Großmutter in Bernstadt über die Arbeit auf dem Raketenflugplatz: „Außer uns haben wir noch mehrere Arbeitslose herangezogen, die für uns arbeiten, ohne Geld zu kriegen, wir wollen jetzt für diese Leute durch die benachbarte Kaserne Essen umsonst beschaffen als Arbeitsentschädigung, dann sollen einige von ihnen in den hier reichlich vorhandenen Gebäuden ähnlicher Art Unterkunft frei finden, dafür erhalten wir ihre Arbeitskraft.“[31] Die Arbeitslosen auf dem Raketenflugplatz bekamen 7,50 Mark Wohlfahrtsunterstützung. Obwohl man größtenteils von der Arbeiterwohlfahrt lebte, begannen die „Narren von Tegel“ – so wurden die Raketenpioniere inzwischen genannt – mit großem Engagement, ihre Träume zu verwirklichen. Nebel machte den Raketenflugplatz zur neuen Berliner Geschäftsstelle des Vereins für Raumschiffahrt. Im November erschienen in der Presse Artikel und Fotos, die das Startgestell der UFA-Rakete hinter dem neuen Werkstattgebäude zeigten. Auf einem Bild sah man Riedel, wie er die von Nebel umgebaute 2-Meter-Rakete bestückte.

Neben Aufräumen und Einrichten startete man im selben Monat einen neuen Brennversuch mit der „Minimumrakete“. Auch diesmal explodierte der Raketenmotor. An der neuen Rakete selbst wurde erst einmal nicht weitergearbeitet. Im Dezember wohnten Nebel, Riedel, Heinisch und der Mechaniker Wöhle auf dem Raketenflugplatz. Es gab drei ständige Mitarbeiter, von denen einer ebenfalls dort wohnte. Rolf Engel, auch durch Oberths Buch zur Raumschiffahrt gekommen, erinnerte sich: „Die Mannschaft vom Raketenflugplatz war die

Raketenflugplatz Berlin

Ausweis

für Herrn

Dipl. ing. Rudolf Nebel

Inhaber dieses ist berechtigt, das Gelände des Raketen-Flugplatzes zu betreten.

Berlin, den 15. August 1932

Raketenflugplatz Berlin-Reickd.

Nebel

Ausweis des Raketenflugplatzes von Rudolf Nebel, ausgestellt im August 1932.

erste wirkliche Mannschaft, die es unter dem berühmten Stichwort ‚Teamwork' in der Raketentechnik gab. Bei allen übrigen Pioniertaten (…) handelte es sich mehr oder weniger um die Arbeit von Einzelgängern."[32]

Man begann, das Startgestell der UFA-Rakete innerhalb des Erdwalls als Teststand auszubauen. Ingenieur Küttner schreibt in einem Bericht: „‚Achtung, fertig!' ruft ein Mann am Startgestell. Wir ducken uns hinter eine Schutzmauer aus Erdsäcken. – ‚Los!' Eine mächtige Feuergarbe schießt aus dem Raketenmotor zur Erde. Blendendes Licht, Weißgluthitze, ein leises, geheimnisvolles Zischen. Die Spannung steigert sich. Doch es erfolgt kein Knalleffekt: das ‚Feuerwerk' ist zu Ende. Wir gehen zum Startgestell. Der Raketenmotor glüht, trotzdem sieht er eigentlich nach ‚gar nichts' aus. Ein Kegel, einige Ventile, die Auspuffdüse, eine mit Asbest isolierte Zündleitung, das ist alles."[33] Offenbar wurde eine Kegeldüse erprobt, denn ein neuer Mirak-Motor war zu diesem Zeitpunkt noch nicht fertig.

Inzwischen zogen auf das Gelände auch Hans Bermüller und Paul Ehmayr. Gelegentlich kamen Willy Ley und Wernher von Braun vorbei, der sich in den Semesterferien an den Arbeiten beteiligte. Manchmal blieb er das gesamte Wochenende dort. Die Mannschaft arbeitete für einen ersten Raketenstart im April 1931. Einen Monat zuvor berichtete ein Zeitungsreporter aus Hamburg: „Die neue Versuchsrakete ist dreiviertel fertig. Zwei Meter lang, sie fasst etwa anderthalb Liter Sauerstoff und Benzin. Augenblicklich ist man dabei, draußen auf dem Prüfstand durch Zusammenbringen von Sauerstoff und Benzin und Verbrennung desselben mittels

Fernzündung hinter gedecktem Beobachtungsstand den Druck der entweichenden Gase zu messen. An der Versuchsrakete entdeckt man eine Neuerung: den Verbrennungsraum hat man nach draußen legen müssen."[34]

Am 12. März ging der neue Prüfstand mit einem Brennversuch in Betrieb. Nach den Bernstadter Erfahrungen war die Mirak überarbeitet worden. Die Beteiligten konnten eines Abends „überraschend ein neues Prinzip für ganz kleine und demgemäß notgedrungen ganz einfache Flüssigkeitsraketen" finden, berichtete Willy Ley.[35] Riedel entwarf eine neue Konstruktion, das Kühlwasser umfloss den Brennraum und die Düse. Der Brennraum war nun zylindrisch mit einer Halbkugel oben und ohne Kühlrippen gestaltet. Das Ganze stand in einem Topf mit Kühlwasser, der so groß wie eine Kaffeedose war. Das Wasser kam aus einer Regentonne oberhalb des Erdwalls. Ley schrieb über diesen ersten Raketenmotor aus Leichtmetall: „Nicht mehr kegel-, sondern etwa eiförmig, wassergekühlt und auch sonst unter Verwendung aller Erkenntnisse, die man an Mirak I und II gewonnen hatte. Der Erfolg dieser Neukonstruktion war durchschlagend, wir hatten gewissermaßen das große Los gezogen. Die alte Kegeldüse, die selbst beinahe 3 Kilogramm wog, leistete 7 Kilogramm Rückstoß, die neuen Motoren, die etwa 250 Gramm schwer waren, sprangen mühelos und betriebssicher auf 25 kg im Durchschnitt."[36]

Über den Arbeitsstand berichtete Rudolf Nebel in der „BZ am Mittag": „Zwölf Meter tief in die Grube eingelassen liegt das Raketenabschußgestell und der Düsenprüfstand. Seine Bedienung erfolgt ausnahmslos vom Prüfraum aus durch elektrische Übertragung bzw. durch Seilzug mittels Stellvorrichtung, wie sie im Eisenbahnbau üblich sind. Die Beobachtung aller Vorgänge erfolgt teils durch Spiegel, teils durch Scherenfernrohre, um alle Gefahren im Moment auszuschalten."[37] Links und rechts vom Gerüst waren die Tanks eingegraben. Über einen Schlauch strömte fortwährend Kühlwasser aus einer Regentonne oberhalb des Erdwalls. Inzwischen fertigte man den Motor aus Aluminium und Elektron statt aus Stahl und Kupfer. Dadurch wog der Raketenmotor fast nur noch ein Zehntel seines früheren Gewichts. Diese Neuerungen konnten weitere Interessierte auf dem Versuchsgelände entdecken: Im April 1931 besuchten der Pariser Bankier André Hirsch, Stifter eines internationalen Astronautik-Preises, und kurz darauf der US-Amerikaner Edward Pendray, Vizepräsident der American Interplanetary Society (AIS), den Raketenflugplatz. Gemeinsam mit seiner Frau Leatrice verfolgte er den Brennversuch eines Raketenmotors.

Riedel stellte in Abwesenheit Nebels, der an seiner granatenförmigen Mirak-Konstruktion weiterarbeiten wollte, die Mirak 2 fertig und probierte sie am Himmelfahrtstag (14. Mai) aus. Mit dem neuen kleinen Raketenmotor als Basis baute er ein abgewandeltes Aggregat. „Die ‚Mirak 2' war praktisch ein fliegender Prüfstand, 2 nahtlose Rohre mit einem Motor am oberen Ende. Der eine Tank war für Sauerstoff bestimmt, der andere für Benzin", schreibt Rudolf Nebel.[38] Die Tanks waren nicht ober- und unterhalb vom Motor angebracht, sondern seitlich. Der Plan Riedels war es anfangs, nur einen Brennversuch zu machen. An einen Flug der gewichtigen Mirak 2 dachte er überhaupt nicht. Doch trotz ihrer schweren Teile entwickelte die neue Konstruktion mit ihrem Motor einen Schub, der sie anhob: „‚Das Biest stieg auf. Ganz langsam, wie ein Fahrstuhl, etwa zwanzig Meter hoch. Dann fiel sie runter und

V.l.: Rudolf Nebel, Kurt Heinisch, Klaus Riedel und der Schlosser Pigard auf dem Raketenflugplatz.

brach sich ein Bein – das arme Ding hatte ja keinen Fallschirm", berichtete er tags darauf an Ley.[39] Riedel beendete seinen Bericht mit einem Lächeln und dem Satz: „‚Bei uns in Mediasch wäre das natürlich nicht passiert!' Das war eine Anspielung auf den längst in seine Heimat abgereisten Hermann Oberth, der bei allen Pannen diesen Satz gesagt und damit zum Slogan gemacht hatte."[40]

Nur vier Tage später hatte Riedel die abgeknickte Tankröhre und weitere Teile ausgetauscht. Am 18. Mai 1931 war der Schaden behoben und die Rakete wieder flugbereit. Die Tankröhren standen in zwei Ofenrohren, die das behelfsmäßige Startgestell bildeten. Mit einem Besenstil, an der Spitze ein Greifer, wurden die Zündung und die Ventilöffnung ausgelöst. Der Flugkörper ging mit einem wilden Getöse leicht schräg in die Luft, stieß an das Dach des Werkstattgebäudes, schoss in einem Winkel von 70 Grad nach oben, flog mehrere Loopings, stieg auf bis etwa 60 Meter Höhe, verlor das Kühlwasser und fiel schließlich in einem Sturzflug auf den Platz. Mangels Kühlung war die Brennkammer aufgebrochen. Neben der Düse entstand eine zweite Öffnung, die den Apparat die Kontrolle verlieren ließ. Die Raketenpioniere waren aufgeregt, rannten durcheinander. Ihnen wurde schwindelig und sie setzten sich ins Gras, um ihre Eindrücke auszutauschen. Den Flugapparat konnten sie nicht sofort untersuchen. Das waren der Anfang und das Ende des auch Repulsor 1 genannten Geräts.

Diese einfache Konstruktion war also steigfähig. Einige Tage später tauschte Riedel den Motor aus, entfernte die Streben, verbesserte die Ventile, setzte leichtere Bauteile ein und machte das Aggregat erneut startklar. Willy Ley beschreibt den Flug am 23. Mai: „Es war das auch einer der schönsten Flüge, die ich bis jetzt gesehen habe. Man muß sich dazu die Szenerie vorstellen. Der grüne Platz mit seinen vereinzelten kleinen Häuschen und gelegentlichen Birkenwäldchen, darüber ein geradezu romanhaft blauer Himmel und eine schon untergehende Sonne, am Horizont der Dunst der Weltstadt. Ich lag etwa hundert Meter vom Startort entfernt im hohen, herrlich ungepflegten Gras und teilte meine Aufmerksamkeit zwischen Repulsor und zwei Grillen, die ernsthaft dasaßen, als paßten sie auch auf. Von unten der Ruf: ‚Fertig! – Zündung!', dann der leise Anfangsknall, mit dem der Raketenmotor seine Arbeit begann, eine weiße Flamme schoß heraus, rohrte (sic!) kurz auf, der Repulsor hob sich, stieg wenige Augenblicke langsam, dann aber immer schneller, zuerst senkrecht, vielleicht sechzig Meter hoch, legte sich dann auf die Seite und raste, während der Schein seiner eigenen Flamme und der der roten Abendsonne auf seinen blanken Metallteilen spielten, mit gewaltiger Fahrt quer über den ganzen Raketenflugplatz. Nach einigen hundert Metern waren die Brennstoffe erschöpft, er flog schweigend wie ein Projektil weiter, senkte sich langsam und krachte plötzlich in einen hohen Baum, von dem wir ihn dann jämmerlich zerschlagen und verbogen herunterholten. Dieser Flug hatte über etwa 600 Meter geführt."[41]

Von nun an wurde also nicht mehr die Mirak 3, sondern der Repulsor weiterentwickelt. Die Raketenpioniere schickten Nebel ein Telegramm. Ley beschrieb für Pendray in New York detailliert den Versuch: „Riedel und Heinisch füllten die Tanks, dann zündeten Heinisch und Ehmayr und der Repulsor stieg bis auf eine Höhe von etwa 60m. Dann drehte er und schoss mit 360 Stundenkilometern in nördliche Richtung über den Raketenflugplatz hinaus. Er brannte etwas mehr als 6 Sekunden, zu dieser Zeit war seine Geschwindigkeit etwa 130 km/h.

Eines der Laborgebäude auf dem Raketenflugplatz. ▲

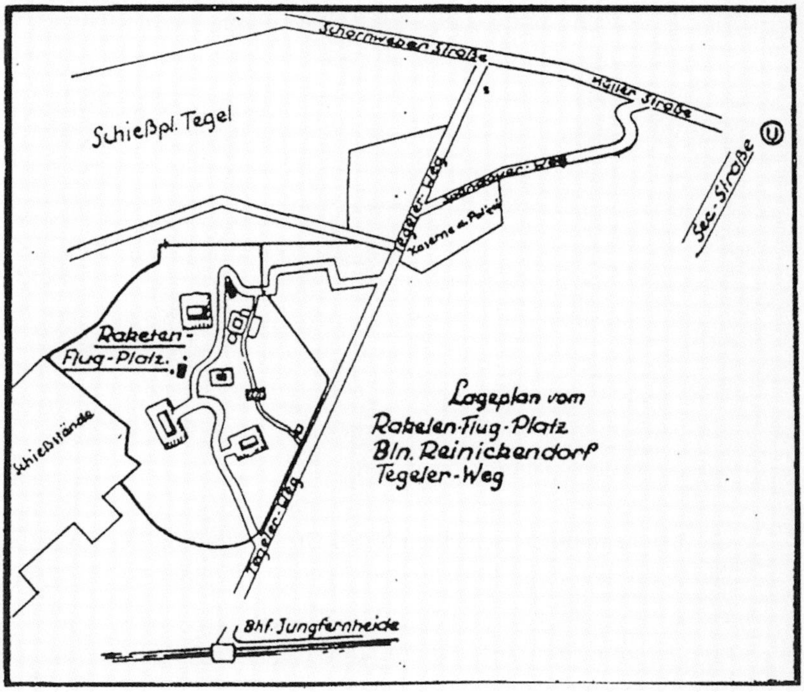

Feinzeichnung des Raketenflugplatzes Berlin.

Hermann Oberth mit der von ihm entwickelten Spaltdüse (Sommer 1930).

600m vom Startpunkt knallte der Repulsor gegen einen 20m hohen Baum und wurde vollständig zertrümmert. Hier befand er sich schon ca. 4 sec. im Freiflug (ohne Antrieb), das Kühlwasser war noch im deformierten Topf. Der Flug fand bei Sonnenschein statt und bot ein wundervolles Bild."[42] In Teamarbeit hatte Riedel mit Heinisch, Bermüller, Ehmayr, Wöhle, Engel und Ley einen neuen Raketentyp geschaffen. Zwei Monate nach Johannes Winkler (siehe Kapitel 7) schaffte es auch die Mannschaft auf dem Raketenplatz, eine Flüssigkeitsrakete zu starten. Die Bezeichnung Repulsor für Riedels Konstruktion stammte von Ley, um sie von Nebels „Minimumrakete" (Mirak) zu unterscheiden. Der Name bezieht sich auf den geheimnisvollen marsianischen Treibstoff „Repulsit" in dem Roman „Auf zwei Planeten" (1897) von Kurd Laßwitz.

Nebel leitete weiter den Raketenflugplatz, er war Geschäftsführer des VfR und erfolgreich als Anwerber für Geld- und Sachspenden. Riedel aber galt nun als „Chefkonstrukteur". Somit hatte sich das Kräfteverhältnis auf dem Raketenflugplatz verschoben. Beide entwickelten diese

Klaus Riedel auf einem Illustriertentitel in einem selbstgefertigten, explosionssicheren Asbestanzug beim Auffüllen des Tanks mit flüssigem Sauerstoff (Februar 1931). ▸

21. Februar 1931
Nummer 8
Kölnische
Illu
te Zeitung
Preis 20 Pfg.
6. Jahrgang
Druck und Verlag
von M. DuMont Schauberg in Köln
Der Feuerwerker
in einem explosionssichern Asbestanzug auf dem
Raketenflugplatz Berlin
Die
sensationellen
Versuche auf dem
Raketenflugplatz
Berlin
Die ersten und ein-
zigen Aufnahmen
in diesem
Heft

Der Pariser Bankier André Hirsch (l.) am 4. April 1931 zu Besuch mit Rudolf Nebel, hinten das Startgestell der UFA-Rakete.

neue Bauform jedoch zu einem gemeinsamen Patent, das sie am 13. Juni einreichten. Damit besaßen sie einen Gegenentwurf zu Oberths Patent. Dieser hatte im April 1931 den Verein für Raumschiffahrt verlassen und in Rumänien ein Unternehmen gegründet, um seine Erfindungen und Patente selbst zu verwerten.

In einem seiner Werbebriefe hatte Nebel von einer Zusammenarbeit mit dem Reichswehrministerium berichtet. Das Heereswaffenamt (HWA) wurde daraufhin im Mai um Stellungnahme gebeten. Es hatte seinen Sitz hinter dem Bahnhof Zoologischer Garten an der Jebensstraße, Ecke Hertzallee. In dem Schreiben des Amtes heißt es: „Die Abt. I hat im Frühjahr 1930 dem Raketeningenieur Nebel einmalig Mittel" – 5.000 Reichsmark – „zur Verfügung gestellt, um den von Prof. Oberth beabsichtigten Abschuß einer Großrakete an der Ostseeküste zu ermöglichen. Später versuchte die Abt. I weitere Fühlungsnahme mit Nebel zu behalten. Durch die Fürsprache der Abt. I erhielt Herr Nebel das Gelände in Tegel, was von ihm als ‚Raketenflugplatz' bezeichnet wird. Sehr bald stellte sich heraus, dass die Arbeiten von Herrn Nebel nicht mit der notwendigen Sachlichkeit, Ruhe und Geheimhaltung betrieben wurden, daß es vielmehr Herrn Nebel darauf ankam, durch sensationslüsterne Artikel in Zeitungen und Zeitschriften sich bekannt zu machen mit dem wahrscheinlichen Zweck, größere Geldmittel von irgend einer Stelle zu erhalten."[43] Seitdem sei jeder Kontakt mit Nebel abgebrochen worden. Das HWA ließ ihn arbeiten, distanzierte sich aber gleichzeitig von ihm.

V.l.: Willy Ley, Klaus Riedel, Rudolf Nebel und der US-amerikanische Weltraumenthusiast Edward Pendray am 13. April 1931 auf dem Raketenflugplatz.

Die Behörde nahm Anstoß an der offenen Werbung: Nebel verschickte Briefe an Industrie und Verbände und schrieb über die Raketenversuche in Zeitungsartikeln. Noch dazu lud er zu öffentlichkeitswirksamen Vorführungen auf dem Raketenflugplatz ein. Schon Ende 1930 war im Heereswaffenamt über die Raketensache beraten worden und es galt zu allen militärischen Entwicklungen absolutes Stillschweigen. Das betraf auch die Förderung der Oberth-Rakete, für die eigentlich Geheimhaltung vereinbart worden war.

Nebel und das Heereswaffenamt standen vermutlich seit Dezember 1929 in Kontakt miteinander. Rolf Engel erinnert sich: „Rudolf Nebel war der einzige, der häufig den Begriff der Fernrakete betonte. So hatte er in einem Brief an den Leiter der Abteilung Prüfwesen beim Heer (Karl Becker) geschrieben: ‚Wir beabsichtigen, den Raketenflugplatz Berlin auf Grund unserer jahrelangen Erfahrungen auf dem Raketengebiet auszubauen und zu einer großen Versuchsstation für die Entwicklung von Flüssigkeitsraketen größten Stils mit besonderer Berücksichtigung der Kriegs- und Fernrakete …‘ (…) Ich hielt Nebel damals vor, daß er die Raketenwaffe gegenüber Offizieren der Reichswehr gern hervorheben könne. Sie in der Öffentlichkeit zu erwähnen, sei allerdings ungeschickt. Klaus Riedel (…) und ich stellten unsere Arbeit stets als die ersten Schritte zur Raumfahrt dar.“[44] Nebel war jedes Mittel recht, Geldgeber für das Raketenprojekt zu finden. Mit seinem Hinweis auf einen militärischen Einsatz der Rakete versuchte er, das HWA für sich zu gewinnen.

Kurt Heinisch (l.) und Klaus Riedel beim Betanken eines Raketenmotors mit flüssigem Sauerstoff, 1931.

Rudolf Nebel (l.) und Klaus Riedel bereiten einen Triebwerkversuch am Prüfstand vor. ▸

Als der UFA-Film „Frau im Mond“ im Oktober 1929 seine Premiere feierte, begann Oberstleutnant Karl Becker vom Heereswaffenamt, die Raketenwaffen zu erforschen. Der promovierte Ingenieur leitete seit 1926 die Abteilung Ballistik und Munition in der Amtsgruppe für Prüfwesen. Die Raketen sollten unter Umgehung des Versailler Vertrags von 1919 auf die Möglichkeit ihres Kriegseinsatzes untersucht werden. Becker ließ zunächst vom Reichswehrministerium genehmigte Versuche mit Pulverraketen anstellen. Das HWA beobachtete intensiv, wie sich der Verein für Raumschiffahrt, aber auch andere deutsche Raketengruppen entwickelten. Der Diplomingenieur Walter Dornberger leitete später die Raketenabteilung des HWA. Nach seinem Studium betreute er erst die Entwicklung von Feststoffraketen. Er schreibt: „Das Heereswaffenamt sah sich zunächst gezwungen, mit den einzelnen Erfindergruppen Verbindung aufzunehmen, sie finanziell zu unterstützen und abzuwarten, ob sich daraus etwas ergäbe. Zwei Jahre lang versuchte das Heereswaffenamt vergeblich, Grundlagen in die Hand zu bekommen. Die Arbeiten kamen nicht vorwärts. Dazu trat die Gefahr, daß, durch unbedachte Schwatzhaftigkeit, das Heereswaffenamt als Geldgeber für Raketenentwicklung bekannt werden konnte.“[45]

Die Alliierten hoben bereits im Jahr 1926 die Beschränkungen auf, die sie der deutschen Zivilluftfahrt auferlegt hatten. Es begann die Zeit der Luftfahrtschauen. In vielen Städten des

Landes boten sie bei Flugtagen den Massen Unterhaltung. Blaskapellen, bunte Flaggen und helles Sonnenlicht auf dem glänzenden Metall und dem dunklen Mahagoniholz der Flamingos von Udet oder der Eindecker von Klemm auf dem Gras einer Schützenwiese machten diese Treffen besonders. Ähnliche Schauen veranstaltete auch der Verein für Raumschiffahrt. Um für den Raketenflugplatz zu werben, hatte Nebel bisher das Berliner Branchenbuch nach Firmenadressen durchsucht. Nun schaute er nach Vereinen und Verbänden: Ob Angler, Kaninchenzüchter oder Industrieverbände, alle wurden von ihm nach Reinickendorf zu Vorführungen eingeladen. Die Besuchergruppen erhielten für eine Reichsmark je Teilnehmer einen Vortrag über die Weltraumfahrt sowie die Vorführung eines Raketenmotors, mitunter bekamen sie auch den Start einer Rakete zu sehen.

Für die Vorführungen veränderten die Raketenpioniere eine Düse extra, damit sie für einen unglaublichen Lärm sorgte. Die Besucher waren von der sogenannten „Donnerbüchse" tief beeindruckt. Rolf Engel: „Unser Gerät machte einen derartigen Lärm, daß man es bis nach Reinickendorf hörte. Anschließend ging einer von uns mit einer Holzrakete, die wir extra zu diesem Zwecke geschnitzt und oben mit einem Schlitz versehen hatten, herum und sammelte."[46] Solche publikumswirksamen Versuche sprachen sich herum und zogen auch Journalisten an.

Dem Korrespondenten des irischen „Belfast Telegraph“ führte Riedel den Raketenmotor am Versuchsstand vor. Der Journalist schrieb: „Die Ingenieure duckten sich hinter Sandsäcke und mittels einer langen elektrischen Leitung erfolgte die Zündung des Motors. Es gab ein fauchendes Geräusch, eine grell leuchtende Flamme. Zuerst langsam, dann immer schneller, hob sich der gesamte Mechanismus in die Luft. Er stieg einige hundert Fuß, dann war der Treibstoff erschöpft, er fiel herab und landete in einem Baum.“[47]

Die Konstrukteure wollten die Zahl der Brennversuche und Starts erhöhen. Dafür sollten mehr Raketenmotoren produziert werden, denn ständig ging etwas kaputt oder explodierte. Mehrere Mitarbeiter nahmen, um den kleinen Raketenmotor herstellen zu können, an einem Schweißerlehrgang in einer Lehr- und Versuchsanstalt in Charlottenburg teil. Das Schweißen von Leichtmetall war noch völliges Neuland. So stieg die Zahl der hergestellten Versuchsraketen. Kleinere Bauteile und leichtes Elektronrohr ersetzten die einfachen Ventile und schweren Rohre. Die Tankröhren waren nun mit zwei Aluminiumreifen verbunden. An dem unteren steckten Flossen, die zuvor in vier Vierteln aus einer kreisförmigen Scheibe Aluminiumblech geschnitten wurden. Auf diesen Flossen sollte der Repulsor 2 stehen, ein Abschussgestell war nicht notwendig. Die Zündpatronen der Firma Feistel brannten nach der elektrischen Zündung ausreichend lang. Mehrere junge Frauen nähten auf dem Raketenflugplatz oder zu Hause Fallschirme. Man wollte die Raketen auch unbeschädigt zurückerhalten. Klaus Riedel verbesserte ständig mit seinen Mitarbeitern die Konstruktion des Repulsors, in seinem Heck wurde ein Fallschirm eingebaut. Der kleine Raketenmotor des Repulsors 3 entwickelte eine Schubkraft von 32 Kilogramm. Am 7. Juli 1931 wurde damit eine Höhe von 700 Metern erreicht, eine Woche später bereits anderthalb Kilometer. Einen Monat später flog Repulsor 4 fünf Kilometer weit.

Riedel konnte bald eine neue Konstruktion der Flüssigkeitsrakete präsentieren. Die Zwei-Stab-Rakete entwickelte sich wieder zum Ein- oder Achsenstaber. Sie ähnelte einer großen Feuerwerksrakete und war knapp drei Meter lang. Im August fanden mit ihr vier erfolgreiche Flugversuche mit bis zu fünf Kilometern Weite statt. Bis sich folgender Vorfall ereignete: Bei einer Vorführung vor dem Reichsbund Deutscher Technik löste sich am 16. September wieder eine Schweißnaht und der Einstaber verlor seine Flugbahn. Er flog in einem weiten Bogen etwa 800 Meter entfernt auf das Gelände der benachbarten Polizeikaserne und durchbohrte dort das Dach eines Holzschuppens. Das noch im Flugkörper verbliebene Benzin setzte den Schuppen in Brand. Zwar war der Schaden überschaubar. Aber die Nachricht über den Vorfall erreichte den Polizeipräsidenten, der mit sofortiger Wirkung alle weiteren Startversuche verbot.

Für den folgenden Monat wurde eine Sondervorführung für den Leiter der Polizeikaserne Tegel organisiert. Man wollte die Betriebssicherheit der Flugkörper beweisen. Zu der Vorführung zählten der erneute Brennversuch des größeren Raketenmotors sowie ein erfolgreicher Flug des Einstabers mit einer sicheren Landung am Fallschirm. Der Polizeipräsident erteilte daraufhin am 17. Oktober die Freigabe weiterer Versuche, jedoch unter Auflagen: „Die Raketen durften nur max. 5 Kilogramm Gewicht haben. Vor dem Start schwererer Bauformen ist das Polizeiamt in Wedding-Reinickendorf zu benachrichtigen und deren Genehmigung abzuwarten. Und überhaupt dürfen Abschüsse nur werktags zwischen 7 bis 15 Uhr erfolgen.“[48]

Die Raketenpioniere (v.l.) Paul Ehmayr, Kurt Heinisch, Hans Bermüller und Klaus Riedel am Prüfstand (oben), das Triebwerk hat gezündet (Mitte und unten).

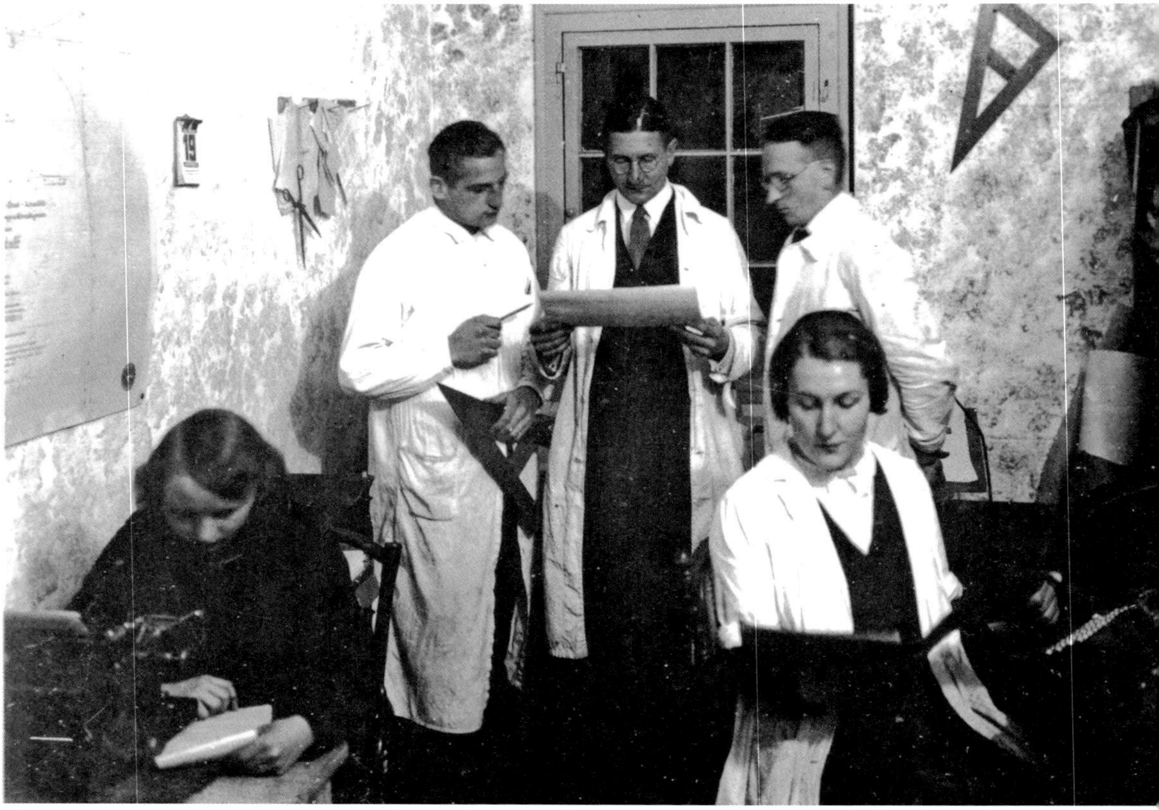

Im Konstruktionsbüro des Raketenflugplatzes (v.l.): Hildegard Behla, Herbert von Ludwiger, Oberingenieur Richter, Johannes Wagner, Charlotte Herkt (Herbst 1932).

Ein Heeresfeuerwerker der Reichswehr mit der Mirak-3-Rakete bei der Vorführung auf dem Versuchsgelände Kummersdorf-West (22. Juni 1932).

Zum Jahresende 1931 konnte der Raketenflugplatz eine positive Bilanz ziehen: Seit der Inbetriebnahme des Prüfstands im März hatte es 270 Brennversuche und 87 Raketenstarts gegeben. Aus der „Minimumrakete" war der Zweistaber-Repulsor mit Wasserkühlung, aus dem der Einstaber beziehungsweise kleine Achsenstaber entstanden. Die Schubkraft der Motoren hatte man von wenigen hundert Gramm auf 64 Kilogramm steigern können. Einige Dutzend Mirak- und Repulsor-Raketen waren vom Testgelände in den Berliner Himmel gestiegen. Nun war auch die Werkstatt komplett ausgestattet. Mitte November konnte man einer großen Besuchergruppe vom Verein Deutscher Chemiker mit 375 Teilnehmern einen Start vorführen. Alle hat der Flug beeindruckt. Dabei verlief die Landung nicht ganz wie vorgesehen, denn der Fallschirm öffnete sich zu spät.

Im März 1932 schaute sich ein Berliner Journalist auf dem Raketenflugplatz um. Er besuchte die Gruppe um Nebel und auch die um Johannes Winkler (siehe Kapitel 7), der seit Oktober 1931 ebenfalls in Reinickendorf experimentierte. „Auf dem Raketenflugplatz in Berlin arbeiten in zwei ganz voneinander getrennten Laboratorien, finanziert von ganz verschiedenen Seiten, zwei Raketenforscher an ein und demselben Problem: den praktischen Weg zu finden, der auf den Etappen vieler noch notwendiger Versuche zu dem großen Ziel, der Weltraumrakete, führt."[49] Ende 1931 hatte der Mäzen Hugo Hückel den Vorschlag für eine Mitnutzung erhalten, den er anschließend an Winkler weiterleitete. Nach dem Wechsel von zwei Mitarbeitern zu Winkler suchte Nebel neues Personal. Eine Finanzierung der Arbeiter ermöglichte der Freiwillige Arbeitsdienst (FAD). Im Vorjahr gegründet, handelte es sich um eine Arbeitsbeschaffungsmaßnahme der Reichsregierung zur Bekämpfung der steigenden Arbeitslosigkeit. Sie wandte sich an Arbeitslose, die sich gemeinschaftlich Nutzen stiftender Arbeit zuwenden wollten, und förderte Projekte. Bereits nach kurzer Zeit wurden dem Verein für Raumschiffahrt (als Maßnahmenträger) acht Freiwillige genehmigt.

Das Heereswaffenamt widmete sich seit Herbst 1931 in seiner Raketenentwicklung ebenfalls dem Flüssigkeitstriebwerk. Die Mitarbeiter besuchten in Zivil die Vorführungen auf dem Raketenflugplatz. Das Reichswehrministerium wollte aber zunächst mit Industriepartnern kooperieren, die auch ihre Vorgaben berücksichtigten. Eine eigene Entwicklung auf dem Artillerieschießplatz in Kummersdorf war noch nicht geplant. Ab Mitte 1932 sollte dort ein eigener Flüssigkeitsmotor ungestört von der Öffentlichkeit entwickelt werden. Mehrere Doktoranden des Physikalischen Instituts der Universität Berlin erhielten unter anderem Forschungsaufträge auf dem Gebiet der Flüssigkeitsrakete mit „scharf umrissenen theoretischen und praktischen Arbeiten".[50] Diese Aufträge führten in Kummersdorf zu Experimenten des Physikers Kurt Wahmke, denen dann weitere Dissertationen folgten. Zwei Jahre später, im Juli 1934, starb der Triebwerksspezialist mit zwei Mitarbeitern auf der Heeresversuchsstelle, als ein Prüfstand explodierte.

Zwar äußerte sich das Heereswaffenamt intern kritisch zu einer Kooperation mit dem Raketenflugplatz, aber man wollte sehen, was sich in den anderthalb Jahren seit der ersten Finanzhilfe und ohne Oberth getan hatte. Nebel nutzte den Moment und bot dem HWA eine Raketenvorführung einschließlich eines Kostenvoranschlags an. Zum Einsatz sollte die noch in Entwicklung stehende 3-Liter-Rakete kommen. Vielleicht war man dann auch nicht mehr auf Vorführungen zum Gelderwerb angewiesen. Gelder flossen zu der Zeit auch aus folgendem

Grund nicht mehr: Die tschechische Nationalbank hatte eine neue Devisenverfügung erlassen. Das bedeutete für Nebels Mannschaft, dass von Hückel kein Geld mehr eintraf. So konnten die Versuche zum Alkohol-Wasser-Gemisch erst einmal nicht fortgesetzt werden. Bis auf Weiteres wurde Benzin als Treibstoff verwendet.

Karl Becker vom Heereswaffenamt hatte inzwischen erkannt, dass Raketen mit Flüssigtreibstoffen die Zukunft galt. Für den 22. Juni 1932 forderte die Abteilung Waffenprüfwesen Rudolf Nebel auf, ein von ihm und Riedel konstruiertes, dreieinhalb Meter hohes Flüssigkeitsraketenmodell in Kummersdorf vorzuführen. Sollte der Versuch erfolgreich sein, wollte Becker sich Nebel gegenüber finanziell erkenntlich zeigen. Neben den erfahrenen Technikern und Mechanikern wurden auch die FAD-Hilfskräfte an den Arbeiten beteiligt. Die Vorführung fand aus Geheimhaltungsgründen morgens um vier Uhr statt. Der Buick von Nebel wurde mit dem Startgestell und der Rakete beladen. In dem Fahrzeug saßen auch Klaus Riedel und Wernher von Braun, der später die Umgebung auf dem Schießplatz wie folgt beschrieb: „Als die Uhr fünf schlug, traf Hauptmann Dornberger unser Fahrzeug mit dem Startgestell und der silberfarbenen Mirak II obendrauf, gefolgt von unserem Begleitfahrzeug mit flüssigem Sauerstoff, Benzin und Werkzeug, am Treffpunkt in den Wäldern südlich von Berlin. Dornberger führte uns zu einem gesonderten Platz auf dem Artillerie-Schießstand, wo eine beeindruckende Reihe von Fototheodoliten, ballistischen Kameras und Chronographen aufgestellt waren – Instrumente, von deren Existenz wir bisher nichts wussten.“[51] Das HWA hatte für die Vorführung alles vorbereitet. Mit zahlreichen optischen Instrumenten konnte die Flugbahn verfolgt werden.

Die vier Meter lange 3-Liter-Rakete trug am Kopf ein Raketentriebwerk mit Wasserkühlung. Ihre Schubkraft betrug 26 Kilogramm, die Brenndauer sollte 21 Sekunden betragen. Man erwartete eine Steighöhe von 3,4 Kilometern. Als Brennstoff diente Benzin. Einer der Behälter enthielt den Fallschirm, in einem weiteren steckten die Leuchtpatronen sowie drei kleine Stabilisierungsflossen. Das Gerät stieg einige hundert Meter hoch, ging dann in einen Horizontalflug über und krachte nach 25 Sekunden 1.300 Meter entfernt in ein Waldstück. Wieder war am Raketenmotor eine Schweißnaht durchgebrannt. Für das HWA galt der Versuch als „missglückt“, der Kontakt wurde abgebrochen.

Eine Grundlagenforschung wollte das Heereswaffenamt von nun an unter eigener Kontrolle betreiben. Sie sollte systematisch, vor allem aber geheim geschehen, ohne eine „schwatzhafte Reklamesucht“, wie Walter Dornberger sie dem „unseriösen“ VfR vorwarf. Das HWA arbeitete in der Raketenentwicklung nun lieber mit der universitären Forschung und Industriepartnern zusammen. Die Vorführung von Nebel und seinen Mitstreitern war aber aus zwei Gründen dennoch für das Amt bedeutend: Zum einen erfuhr es vom aktuellen Wissensstand bei den Flüssigkeitsraketen, zum anderen gelang es Becker, den engagierten und talentierten Wernher von Braun für den militärischen Raketenbau zu interessieren. Er machte den Studenten an der Universität Berlin zum Doktoranden und stellte ihm Arbeitsmöglichkeiten in Kummersdorf zur Verfügung. Der damalige Assistent Nebels schrieb rückblickend: „Was wir auf dem einsamen Platz fanden, erregte unseren Neid und unsere Bewunderung zugleich. Wir fanden einen vollendeten Prüfstand für die Brennkammern für Flüssigkeitsraketen vor, mit Betonmauern umgeben, mit einem Schiebedach versehen. (…) Wenn wir an unseren Laden in Reinickendorf

Das Cabrio Opel P4 ohne einen Kofferraum: Paul Ehmayr hält den Achsenstaber, Klaus Riedel sitzt neben Wernher von Braun am Steuer, 1931.

Klaus Riedel lenkt ein Abschussauto als mobile Startrampe mit einer startfertigen Rakete, Sommer 1931.

Rege Betriebsamkeit am neuen Startgestell, Juli 1932.

dachten, hätten wir eigentlich Minderwertigkeitskomplexe haben müssen."[52] Von Braun richtete unter dem Kommando von Walter Dornberger eine Versuchsstelle für Flüssigkeitsraketen in Kummersdorf-West ein. Beide formierten hier den ersten festen Mitarbeiterstamm für eine künftige Raketenentwicklungsstelle des Heeres. Zwischen 1932 und 1936 scharten sich 77 Mitarbeiter um Wernher von Braun. Damit war das Raketenprojekt startklar für eine großzügige industrielle Weiterentwicklung.

Inzwischen wurden auf dem Raketenflugplatz weitere Brenntests vorbereitet und neue konstruktive Lösungen erprobt. Dazu gehörte der bereits im Frühjahr entwickelte Alkohol-Raketenmotor. Zur Mannschaft stieß im November 1932 der Berliner Physikstudent Herbert von Ludwiger, der seit 1924 brieflich mit Oberth in Kontakt stand. Jetzt konnte er an der praktischen Umsetzung von Ideen mitwirken. In einem Laborbuch hielt er die Konstruktionsdetails und Versuchsprotokolle fest. Detailliert beschrieb er jeweils den Versuchsaufbau und -ablauf. Zahlreiche Zeichnungen illustrierten den Aufbau von Raketenmotor, Tanks oder Messstand.

Der neue große Raketenmotor wird aufgetankt, links Klaus Riedel (Sommer 1932).

Oberth ging damals in einem Antwortbrief an Ludwiger auf die Sorge ein, dass aufgrund der mangelnden Unterstützung für Oberths Ideen die Mächte der Entente Deutschland diesen Vorsprung streitig machen könnten. Oberth sah, dass man damals andernorts die Weltraumfahrt und Raketentechnik ebenso für Utopie hielt wie im Deutschen Reich. Sowohl am 25. als auch am 29. November fanden in Berlin wieder Versuche mit einem Alkohol-Wasser-Gemisch statt. Auch im Dezember kam es zu Brennversuchen.

Für den Bau des Autounterstandes werden Stahlträger angeliefert, Sommer 1932.

Sicherheit zuerst (v.l.): Wörl, Ehmayr, Nebel, Riedel (Foto gestellt).

7

Johannes Winkler startet die erste Flüssigkeitsrakete in Europa

Kurz nach der Gründung des Vereins für Raumschiffahrt im Jahr 1927 arbeitete Johannes Winkler am Rückstoßantrieb von Pulverraketen. Seit September 1929 war er in der Forschungsanstalt von Hugo Junkers in Dessau tätig. Die Rückstoßantriebe sollten bei Flugzeugen als Starthilfsraketen eingesetzt werden. Winkler interessierte sich aber eigentlich für die freifliegende Rakete. Er baute in seiner Freizeit mit finanzieller Unterstützung von Hugo Hückel eine Flüssigkeitsrakete, die mit flüssigem Methan und flüssigem Sauerstoff angetrieben wurde. Der Hutfabrikant überwies ihm dafür monatlich 500 Reichsmark. Damit konnte Winkler nun auch einen zusätzlichen Mechaniker bezahlen.

Johannes Winkler gelang es am 21. Februar 1931 auf dem Truppenübungsplatz Großkühnau bei Dessau erstmals, seine Plattform mit einem Flüssigkeitstriebwerk einige Meter über den Boden steigen zu lassen. Sie ähnelte noch überhaupt keiner Rakete. Die drei kleinen Tanks für flüssigen Sauerstoff, das Methan sowie das Treibgas für den Brennstoff bildeten ein Dreieck um den Raketenmotor herum. In der Mitte des Dreiecks befanden sich Brennraum und Düse. Dünne Rohrleitungen führten zum Brennraum, über Manometer kontrollierte man den Druck in den Tanks. Die Laborplattform flog einige Meter, bis sie in einem Baum hängen blieb. Winkler bildete schließlich mit Hückel eine Arbeitsgemeinschaft. Am 14. März stieg das Hückel-Winkler-I-(HW1)Gerät 20 Meter hoch, legte sich dann auf die Seite und landete 200 Meter weiter auf dem Boden. Das aber war nach Goddard 1926 in den USA der erste Start einer europäischen Flüssigkeitsrakete. Winkler berichtete darüber in den VfR-Mitteilungen: „Der Apparat basiert bereits auf einer reichen technischen Erfahrung, er hat bisher nicht ein einziges Mal geknallt, womit keineswegs gesagt werden soll, dass seine Wildheit nicht doch eines Tages hervorbricht.“[53] Auf dem Raketenflugplatz löste diese Nachricht „gemischte Gefühle“ aus: „Winkler kam uns (…) zuvor. (…) Und was er vollbracht hatte, konnten wir auch tun. Insofern war das eine gute Nachricht.“[54]

Johannes Winkler überarbeitete die Versuchsplattform HW1 zur HW1a, die bereits wesentlich moderner aussah: Zwei offen liegende Tanks, an denen sich kleine gekippte Flossen befanden, um eine stabilisierende Rotation zu erzeugen. Die gesamte Konstruktion ohne Außenhülle war nun länger und schlanker und am 18. April funktionstüchtig. Die folgende HW1b sah ähnlich aus: Zwei übereinanderliegende, in einem Rahmen gefasste Tanks, darunter lagen Brennraum und Austrittsdüse. Über Manometer, Ventile und Rohrleitungen waren die Tanks mit dem Brennraum verbunden. Die untere Hälfte des Rahmens trug drei Flossen zur Flugstabilisierung. Der obere Teil mit Tanks und Brennraum war mit einem granatenförmigen Blech verkleidet. Das ganze Aggregat war etwa anderthalb Meter hoch, allerdings mit vergrößerten Stabilisierungsflächen. Im Gegensatz zu Riedels Konstruktion war Winklers Raketenmotor ungekühlt.

Auf den Raketenflugplatz wollte er nicht umziehen, wegen seiner zwei Kinder. Jedoch versuchte Hückel wiederholt, ihn zu einer Arbeit auf dem Platz zu bewegen. Winkler hatte inzwischen seine 1,90 Meter hohe Rakete HW2 mit einer aerodynamischen Außenhülle weitgehend fertiggestellt. Die Tropfenform sollte den Luftwiderstand verringern. Ventile und Rohrleitungen führten zum Brennraum, der sich unten befand. Dies war also im Unterschied zu allen Konstruktionen des Raketenflugplatzes eine erste Schubrakete (wie vorher Oberths UFA-Rakete). Ihr Leergewicht betrug 9,5 Kilogramm. Winkler hatte eine optimistische Steighöhe von zwölf Kilometern errechnet. Für die Brenn- und Steigversuche dieses Geräts zeigte sich Dessau als zu klein. Hückel wies erneut auf Berlin hin, doch noch immer scheute Winkler den „Raketenrummel (...), dem es weniger auf den wissenschaftlichen Fortschritt als auf den populären Effekt ankam“.[55] Gut zwei Wochen später änderte er überraschend seine Meinung und zog mit der großen HW2 nach Berlin, die Familie aber blieb in Dessau. Winkler stand unter Druck: Die HW2 war fast fertiggestellt, nun sollten endlich die Brennversuche beginnen.

Der Raketenpionier bewohnte außerhalb des Raketenflugplatzes ein möbliertes Zimmer. Sein Laborgebäude bot ihm bessere Bedingungen als in Dessau. Er schrieb seiner Frau: „Es sind drei Räume: der Vorraum, ein kleiner Raum, den ich als Beobachtungs- und Arbeitsraum

Der Flugzeugbauer Hugo Junkers (r.) mit seiner Tochter Gudrun bei den Startvorbereitungen von Winklers HW1a, einer Abwandlung der HW1, am Stadtrand von Dessau (18. April 1931).

Johannes Winkler vor der Werkstatt in der Kochstedter Straße 38 in Dessau mit der HW1, erstmalig gestartet am 21. Februar 1931.

Winkler mit der HW2 auf dem Raketenflugplatz Berlin, auf dem seit dem 5. Oktober 1931 sein Labor steht (Foto gestellt).

Die unverkleidete Höhenrakete HW2 auf dem Prüfgestell für Brennversuche.

Der Raketenpionier Johannes Winkler in luftiger Höhe, 1932. ►

einrichte, und der Raum, der als Laboratorium und Werkstatt gedacht ist. (…) Vor dem Fenster des Beobachtungsraumes steht das Prüfgerät."[56] Sein Gebäude stand etwas entfernt vom Versuchsstand der Nebel-Gruppe. Von dieser Gruppe schlossen sich Winkler an: Rolf Engel, der Mechaniker Hans Bermüller und Paul Ehmayr. Außerhalb des kleinen Gebäudes wurde der Teststand aufgebaut, der von innen über Spiegel zu beobachten war. Winkler war weiterhin bemüht, einen eigenen Platz zum Experimentieren zu finden. Einen Brennversuch blieb er 1931 schuldig. Aber er verschaffte sich einen Eintrag ins Telefonbuch als „Raketenforschungsinstitut Ingenieur Winkler", Anschluss Reinickendorf 4214, direkt unter dem Hinweis „Raketenflugplatz".

Im März 1932 konnte Winkler endlich zwei Brennversuche vorweisen, sie wurden jedoch ohne die Verkleidung vorgenommen. Der erste brachte gleich 100 Kilogramm Schubkraft, allerdings nur für knapp 15 Sekunden. Es sollten dies die einzigen Tests von HW2 vor dem Startversuch bleiben. Für den Raketenflugplatz galten inzwischen polizeiliche Auflagen. Auch dieses Gelände war zu klein für Winklers Rakete HW2, die eine Gipfelhöhe von mindestens zehn Kilometern erreichen sollte. Sein Abkommen mit Hückel endete, neue Geldmittel waren

nicht in Sicht. Winkler begab sich auf Startplatzsuche und schrieb zahlreiche Ostseebäder an. Dabei schien ihm die kleine Insel Greifswalder Oie besonders geeignet. Der Pächter Fritz Halliger war von Winklers Vorhaben begeistert. Seine Familie betrieb auf dem Eiland Landwirtschaft. Sie baute Weizen, Roggen, Klee, Rüben und Kartoffeln an. Prominente wie die Schauspielerin Asta Nielsen oder der Schriftsteller Thomas Mann besuchten die Oie.

Winkler erreichte schnell eine mündliche Absprache zur Geländenutzung. Die Rakete ging am 14. Juli 1932 in einer Kiste per Frachtpost nach Zinnowitz. Einen Tag später fuhren Winkler, Bermüller, Engel und sein Kollege Heinz Springer nach Zinnowitz. Mit dem Schiff ging es von dort weiter auf die Oie. Winkler kam im Inselhotel unter, die anderen campierten in einem Zelt neben der Rakete. Die aber war beim Transport leicht beschädigt worden und musste neu ein- und ausgerichtet werden. Mit den Schifffahrtsunternehmen, die die Insel ansteuerten, verabredete Winkler ein Eintrittsgeld für die Besichtigung der Rakete und begleitende Erläuterungen. Bereits nach wenigen Tagen kamen bis zu 600 Besucher täglich, von Binz bis Swinemünde und Stettin boten Reedereien die Bootsfahrt an. Auch Journalisten wollten den Erfinder befragen und über seine Pläne berichten.

Johannes Winkler bei einem Durchblasversuch von flüssigem Sauerstoff, Sommer 1932.

Die verkleidete HW2 vor dem geplanten Start auf der Greifswalder Oie: Johannes Winkler (l.) und Mitarbeiter, Juli 1932. ►

Überraschend verlangte der Kurdirektor schließlich eine Haftpflichtversicherung für eventuelle Schäden an der Insel und dem Leuchtturm. Der Abschluss einer solchen Versicherung war für Winkler aus Kostengründen jedoch unmöglich. Das Reichsverkehrsministerium empfahl ihm daraufhin einen anderen Startplatz, einen Küstenabschnitt bei Pillau an der Frischen Nehrung. Diese schmale Landzunge ist rund 70 Kilometer lang und einige hundert Meter breit und trennt das Frische Haff von der offenen Ostsee. Für die menschenleere Gegend bedurfte es keiner Versicherung. Am 10. September fuhr der Raketenpionier zur Startvorbereitung dorthin. Er orderte flüssigen Sauerstoff, und das Wasserbauamt stellte kostenlos Boote bereit. Der Startplatz lag an der Strauchbucht zwischen Großbruch und Mövenhafen. Am Strand unterhalb der Düne wurden drei leichte Unterstände in Mulden für Winklers Mannschaft, das Filmteam und die Gäste ausgehoben. Sie waren provisorisch mit einem Sandwall umgeben und durch Bretter, Planen und Kiefernzweige abgedeckt.

Nach einem ersten, abgebrochenen Versuch wurde neun Tage später am 6. Oktober erneut ein Startversuch vorbereitet. Winkler musste zweimal zünden, die Zündung sprach beim ersten Mal nicht an. Dabei stellte er die Elektroden an der Funkenstrecke enger. Die „Berliner Volkszeitung" berichtete am Folgetag, dass zunächst „die Zündung versagte, so daß Winkler aus seinem Unterstand wieder herauskletterte und noch einmal die Manometer und Apparate an der Rakete prüfte. Dann sahen die Zuschauer, wie er eiligst wieder die schützende Deckung aufsuchte. Wieder erfolgte die elektrische Zündung und nach zwei Minuten sprang die Rakete

Winkler bereitet den Start auf der Frischen Nehrung vor, neben ihm Hans Bermüller und ein Beamter, August 1932.

Letzte Startvorbereitungen an der HW2 von Winkler und Bermüller.

mit einem lauten Knall sprungartig vom Startgestell ab. Anstatt 7.000 Meter zu steigen, überschlug sich die Rakete (...). Die Metallhülle, die die Rakete umgab, zerbarst und Splitter übersäten die Umgebung."[57]

Die Rakete hob sich etwa drei Meter aus dem Startgestell, dann kam es zur Detonation. Sie flog noch etwa neun bis zwölf Meter hoch, dabei explodierte der Brennraum. Die zahlreichen Transporte der Rakete hatten offenbar den Rohren, Ventilen und Verschraubungen geschadet. Es entstand eine undichte Stelle, zwischen den beiden Zündversuchen sammelte sich ein explosives Gemisch im Innenraum an. So verursachte der nächste Zündfunke die Detonation. Die Mannschaft von Rudolf Winkler sammelte schließlich alle Einzelteile der geborstenen Rakete ein und trat die Rückreise nach Berlin an.

Auch die UFA-Tonwoche konnte das ganze Drama filmen. Ende Oktober liefen die Szenen in der Wochenschau der Kinos. Winkler wurde schon im August 1933 erneut in der „Forschungs-Anstalt Prof. Junkers" beschäftigt und arbeitete weiter am Raketenrückstoßer.

8

Die Stadt Magdeburg bestellt eine Pilotenrakete

Die Zeitungen berichteten regelmäßig über die „Berliner Himmelsstürmer". In Magdeburg interessierte sich der Ingenieur Franz Mengering für die Raketenversuche in Berlin. Er wollte die Hohlwelttheorie beweisen: Die Menschheit lebe auf der Innenfläche einer Hohlkugel mit den Gestirnen im Zentrum. Das kopernikanische Weltbild mit den die Sonne umkreisenden Planeten sei falsch. Um diese Theorie zu beweisen, wollte Mengering eine Rakete senkrecht quer durch den Innenraum auf die andere Seite abfeuern. Würde sie dann die Antipoden erreichen, wäre die Hohlweltlehre bewiesen. Der Ingenieur besuchte den Raketenflugplatz im August 1932 und fragte, ob man nicht eine Rakete mit 5.000 Kilometern Steighöhe starten könne. Dieses Maß entspräche der Entfernung des Mondes von der Erde. Die drei Raketenpioniere Nebel, Riedel und von Braun hielten die Hohlwelttheorie für Unsinn, witterten aber eine neue Geldquelle für weitere Versuche. Für die umfangreichen, mit hohem Finanzbedarf verbundenen Entwicklungsarbeiten plante man eine Raketenvorführung, die das allgemeine Interesse wecken würde, um „so durch Erhebung von Eintrittsgeldern Geldmittel flüssig zu machen. Diese Erwägung führte schließlich zu der Überlegung, ob beim heutigen Stand der Raketentechnik der Bau einer bemannten Flugrakete möglich sei."[58]

Ein bemannter Raketenflug am Stadtrand von Magdeburg: Die Idee von Franz Mengering fand bei den Stadtvätern offene Ohren. Man wollte das Image der Stadt erhöhen, Magdeburg konnte zum Ort einer neuen wissenschaftlichen Sensation werden. Die Elbestadt sollte, tatkräftig unterstützt von der Wirtschaft und der Öffentlichkeit, zu den bedeutendsten Städten Deutschlands aufsteigen. Das Projekt ging unter dem Namen Magdeburger Pilotenrakete in die Geschichte der Raketentechnik und Raumfahrt ein.

Der Start der bemannten Flugrakete war zunächst für März 1933 anvisiert. Als Pilot sollte Kurt Heinisch in die Rakete steigen. Der damalige Oberbürgermeister Ernst Reuter wurde informiert: Für die Fortarbeit brauche Nebel Mittel „und habe deshalb zunächst den Aufstieg der ersten bemannten Rakete in Aussicht genommen. Geplant sei, daß der Pilot nur bis zu 1.000 Metern mitfliege und sich dann durch einen Fallschirm niederlasse. Es erscheine möglich, die Rakete 20 Kilometer und mehr in den Luftraum zu entsenden."[59] In der „Magdeburgischen Zeitung" erfuhr die Öffentlichkeit zum ersten Mal über Details der Pilotenrakete. Diese sollte etwa acht Meter hoch sein, der Raketenmotor einen Meter hoch, und die Spitze der Rakete sollte den Antrieb enthalten. Für die Pilotenrakete war eine Rückkehr zur Erde an einem eigenen Fallschirm vorgesehen.

Im Herbst 1932 begann das Team um Nebel auf dem Raketenflugplatz, die Pilotenrakete zu entwerfen. Man übernahm das Prinzip des Repulsors von Klaus Riedel und entwarf eine etwa

RAKETENFLUG

MITTEILUNGSBLATT DES RAKETENFLUGPLATZES BERLIN.

Nr. 7 Dezember 1932

Start der ersten bemannten Rakete im Frühjahr 1933 in Magdeburg

Nach langen Verhandlungen ist es gelungen, die Stadt Magdeburg zur Finanzierung der ersten bemannten Flugrakete zu gewinnen. Bereits am 1. Dezember 1932 hat die Stadtverordnetenversammlung Magdeburg einen Antrag angenommen, wonach Sie bereit ist, eine Bürgschaft in Höhe von RM 16 000.— zu übernehmen, für den Fall, daß im Frühjahr 1933 die erste bemannte Flugrakete auf dem Magdeburger Flugplatz startet. Eine eingehende Beschreibung dieser ersten bemannten Rakete ist in unserem Werk „Raketenflug" auf Seite 33 gegeben. Die Rakete soll eine Steighöhe von 1 000 m erreichen. Der Raketenpilot — unser langjähriger Mitarbeiter Kurt Heinisch (Seite 34 „Raketenflug") — wird nach Erreichung dieser Höhe die Rakete mittels Fallschirm verlassen, während die Rakete selbst am Fallschirm zu Boden kommt.

Herausgeber: **Raketenflugplatz Berlin** des Vereins für Raumschiffahrt e. V.
Verantwortlich: Dipl. ing. Rudolf Nebel, Berlin-Reinickendorf.
Fernspr.: D9 Reinickendorf 4617. Postsch.-K.: Raketenflugplatz Nr. 61591.
ALLE RECHTE VORBEHALTEN!

1

Den ersten bemannten Raketenflug kündigt das Mitteilungsblatt des Vereins für Raumschiffahrt an, Dezember 1932.

Das Erprobungsmodell der Magdeburger Pilotenrakete inmitten von Startgestellen auf dem Raketenflugplatz Berlin.

Kurt Heinisch am Prüfstand in Berlin beim Einfüllen von flüssigem Sauerstoff in den Tank der Pilotenrakete.

Das Startgestell wird auf dem Raketenflugplatz zum Transport nach Magdeburg verladen.

acht Meter lange Rakete. Oben befand sich der Raketenmotor, der eine Rückstoßleistung von 750 Kilogramm erbringen sollte und die darunterliegenden Treibstofftanks quasi hinter sich her zog. Die Tanks bildeten mit der Pilotenkabine eine Einheit. Der Entwurf sah wie zwei aufeinanderfolgende Geschosse aus. Am 15. November fand in Magdeburg die erste Flugplatzbesichtigung statt. Nebel, Mengering und Stadtrat Siegfried Klewitz hielten das Areal für geeignet. Im Vorfeld sollten zur Popularisierung des Raketenstarts öffentliche Vorträge gehalten werden. Nicht nur die regionalen Zeitungen berichteten über den geplanten bemannten Raketenflug. Bereits am 28. Oktober 1932 schrieb die in Berlin erscheinende „Deutsche Tageszeitung“: „Auf dem Magdeburger Flughafen soll im kommenden Frühjahr die erste bemannte Rakete starten. Veranstalter ist der Berliner Diplom-Ingenieur Nebel. Er plant einen Raketenaufstieg mit Pilot nach einem neuartigen Verfahren. Dabei soll mit verdünntem Alkohol und Sauerstoff gearbeitet werden.“[60] „Fox’ Tönende Wochenschau“ bemühte sich um die Filmrechte. Von den ersten Tests der Triebwerke auf dem Raketenflugplatz Berlin und den Startvorbereitungen bei Magdeburg existieren noch gut erhaltene Filmdokumente.

Man ging für den Raketenflugtag am 11. Juni von rund 100.000 Besuchern aus. In der Kalkulation wäre bei Eintrittspreisen von 2,50 Reichsmark für Sitzplätze, 0,80 Reichsmark für Stehplätze und 0,50 Reichsmark für Arbeitslose die Refinanzierung des Projekts abgedeckt gewesen, es wäre sogar ein Gewinn entstanden. Für das geplante Magdeburger Ereignis wurden mit der Reichsbahn Werbe- und Transportmaßnahmen besprochen. Sie wollte insgesamt zwölf Sonderzüge von Berlin, Hamburg, Hannover, Leipzig und anderen Städten einsetzen, um den erwarteten Besucheransturm zu bewältigen. In der Stadt gaben weitere Unternehmen Bürgschaftserklärungen ab, sodass die Stadtbank Magdeburg gegenüber dem Magistrat einen Kredit von 34.500 Reichsmark bestätigen konnte. In Berlin waren auf dem Raketenflugplatz zehn Mitarbeiter mit dem Bau der Raketenmotoren beschäftigt. Der erste Brennversuch mit dem 200-Kilogramm-Motor erfolgte am 9. März 1933.

Der Magdeburger Oberbürgermeister Ernst Reuter wurde am 11. März 1933 von den Nazis seines Amtes enthoben und in ein Konzentrationslager gesteckt. Den neuen Herrschenden ging es nach dem Machtwechsel nun auch um eine politische Dimension der Pilotenrakete. Nur die Nationalsozialisten seien in der Lage, derartige neue Techniken zu fördern. Einen Erfolg konnte Nebel für das Projekt natürlich nicht garantieren. Er galt als ein euphorischer Verfechter der Raketen- und Raumfahrtidee. Jede sich bietende Gelegenheit nutzte er, um Mitstreiter und Finanziers für seine Mission zu gewinnen. Dafür versprach er oft Dinge, die er kaum einlösen konnte. Noch dazu handelte Nebel häufig ohne Absprache mit seinen Mitarbeitern und sagte neue „Experimente“ einfach zu. Im Magdeburger Vertrag hatte Nebel ebenfalls Versprechungen gemacht, die damals kaum einzuhalten waren. In der Theorie war der damalige Stand der Raketentechnik zwar sehr weit fortgeschritten, doch die praktischen Arbeiten hatten gerade erst begonnen. In einem solch frühen Stadium der Raketentechnik wollte Nebel schon einen Menschen mitfliegen lassen.

Die „Narren von Tegel“ begannen trotz fehlender Erfahrungen damit, die bemannte Rakete zu bauen. Bereits im Februar wurde das erste Geld von Magdeburg auf das Konto des Raketenflugplatzes überwiesen. Eifrig baute man einen neuen Prüfstand für Raketentriebwerke, der am

Das Gut Mose, heute zu Wolmirstedt gehörend: Der Hof mit der Brennerei und der Taubenturm.

Die Pilotenrakete wird auf freiem Feld des Gutes Mose unter polizeilicher Aufsicht montiert, im Hintergrund das Startgestell.

22. März 1933 in Betrieb ging. Der vorgesehene 750-Kilogramm-Raketenmotor lag noch in ferner Zukunft. Dieser Raketenmotor sollte bei einem Treibstoffdurchsatz von 5,1 Kilogramm pro Sekunde einen Schub von 750 Kilogramm erzeugen. Doch es fehlte für dieses Vorhaben noch an Kenntnissen in der Triebwerksdynamik und an den benötigten Werkstoffen. Stattdessen entwarf das Nebel-Team zunächst ein kleines Raketentriebwerk mit etwa 200 Kilogramm Schub und einem Treibstoffverbrauch von 1,7 Kilogramm pro Sekunde. Mit diesem Motor sollte ein kleinerer Prototyp der Pilotenrakete bestückt werden, um die bemannte Rakete flugtechnisch zu erproben. Im April begannen die Versuche. Der Mechaniker Herbert Schäfer wurde durch einen Vortrag von Ley auf den Raketenflugplatz aufmerksam. Anfangs nur an den Wochenenden half er dort mit aus. Er schreibt in seinem Tagebuch, dass er selbst an elf Versuchen teilgenommen habe. „Die Geräusche der Raketenmotoren konnte man kilometerweit hören."[61]

Die Versuche auf dem Teststand schlugen aber oft fehl: Mal explodierten die Raketenmotoren, mal brannten die Düsenhälse der Triebwerke durch. Die etwa 20 Brennversuche führten nicht zu dem gewünschten Erfolg. Noch wurde nicht die notwendige Schubkraft für die bemannte Rakete erreicht, noch arbeiteten die Triebwerke nicht zuverlässig. Nebel blieb auch diesmal optimistisch und schickte am 21. Mai einige Fotos an Klewitz, auf denen die

Rudolf Nebel (3.v.l.) und Klaus Riedel verfolgen die Vorbereitungen zum Start der Rakete.

Proberakete von 250 Kilogramm Rückstoß im Startgestell zu sehen war. Drei bemannte Raketen seien im Bau, schrieb er, die in zwei Wochen brennbereit seien.

Mehrmals besuchten Vertreter der Stadt Magdeburg den Raketenflugplatz in Berlin, um sich über den Fortgang der Arbeiten zu informieren. Der Bau des Magdeburger Raketenmotors lieferte eine wesentliche Neuerung: Zum ersten Mal wurde ein Raketentriebwerk mit einer Regenerativkühlung verwendet und die Brennkammer war von einer doppelwandigen Mantelung umgeben. Sie würde dadurch bei ihren hohen Verbrennungstemperaturen gekühlt und der tiefgekühlte flüssige Treibstoff zugleich vorgewärmt. Die beiden Antriebskomponenten sollten in Gas- oder Dampfform in den Brennkammerkopf eintreten, um eine deutlich bessere Verbrennung mit einem höheren Wirkungsgrad zu erreichen. Doch auch im Mai 1933 führten die weiteren Tests auf dem Raketenflugplatz zu keinem brauchbaren Ergebnis.

In Magdeburg wurde man ungeduldig. Um sich ein Bild zu machen, besuchte der neue, von den nationalsozialistischen Machthabern eingesetzte Oberbürgermeister Fritz-August Wilhelm Markmann den Raketenflugplatz. Das „Neue Magdeburger Tageblatt" berichtete dazu am 4. Mai 1933, dass Nebel sich mit seinem Durchhaltewillen „deutsch" verhalten habe: „Entscheidenden Einfluß auf den Fortgang der Arbeiten hatte der Kurswechsel in Deutschland.

Die Rakete ist im hölzernen Startgestell für den Aufstieg vorbereitet.

Das neue Deutschland unter Adolf Hitler ist, getreu dem nationalsozialistischen Programm, stets geneigt, ernstzunehmende Erfindungen zu fördern. Dies geschah auch hier."[62] Es zeigte sich die Propagandamaschinerie des „Dritten Reichs". Die neuen Machthaber in Magdeburg nutzten geschickt den Vertrag für ihre Zwecke aus, der schon vor dem Machtwechsel zustande gekommen war.

Dann aber war es so weit. Nach mehreren misslungenen Triebwerksläufen fand doch noch ein erfolgreicher Testlauf der Brennkammer statt. Im Versuchshandbuch wurde notiert: „1. Juni, erfolgreicher Test des gesamten Systems."[63] Es folgten weitere erfolgreiche Brennversuche. Endlich konnte man alles einpacken und nach Magdeburg aufbrechen. Aber man hatte noch nicht die bemannte Pilotenrakete vorbereitet, sondern eine kleinere Version ohne Pilotenkabine. Das Gerät war sechseinhalb Meter lang bei 60 Zentimetern Durchmesser und wog leer etwa 90 Kilogramm. Dafür sollte der 250-Kilogramm-Motor ausreichen.

In der Zwischenzeit hatte Kurt Heinisch sein Training als „Fallschirmabspringer" begonnen. Geplant war, dass er mit der Rakete aufstiege und in einem Kilometer Höhe die Kabine verließe, während die Rakete noch weiter flöge. Sowohl er als auch die Rakete sollten dann

Kurz vor dem Start auf dem Gut Mose: Rudolf Nebel im Anzug (2.v.l.) mit Schaulustigen, Helmut Zoike (r.) und sein Freund Arnold Gerlach (2.v.r.).

mittels Fallschirmen zur Erde zurückkehren. Die offizielle Vorführung war nun für den 2. Juli auf dem Flugplatz von Magdeburg geplant. Die Reichsbahn wollte dafür aufgrund der erwarteten Zuschauerzahl extra ein Gleis zum Flugplatz legen.

Zusammen mit einem hölzernen Startgestell fuhren die Raketenbauer nach Magdeburg und kamen nicht am Flugplatz, sondern auf dem Gut Mose an. Amtsrat und Pächter Alfred Druckenbrodt stellte seine 477 Hektar große Domäne bei Wolmirstedt zur Verfügung. 17 Kilometer nördlich der Großstadt Magdeburg bot das Bauerngehöft ideale Bedingungen für einen gefahrlosen Raketenaufstieg. Der erste Probestart wurde auf den 8. Juni, morgens um vier Uhr, festgesetzt. Nach dem Zusammenbau des zwölf Meter hohen Startgestells setzte man die Rakete vorsichtig ein. Die sonst eher einsame Gegend zog trotz der frühen Uhrzeit zahlreiche Neugierige an.

Der Versuch musste allerdings aufgrund eines undichten Sauerstofftanks abgebrochen werden. Für den nächsten frühen Morgen wurde ein neuer Versuch geplant. Die Magdeburger Zeitungen berichteten erst vier Wochen später von diesem Startversuch: „Das Startgestell war mitten in den Wiesen aufgebaut, das Wiesengelände ist im weiten Umkreis von Wald umgeben.

Der Startversuch der Pilotenrakete wird zu einem gesellschaftlichen Ereignis und lockt viele Neugierige auf die Wiese im Norden von Magdeburg.

Nach dem Tanken der Rakete, das längere Zeit in Anspruch nahm, und verschiedenen Tonbildaufnahmen, in denen der Erfinder seine Rakete erklärte, wurde die Umgebung des Startgestells von den Zuschauern geräumt. Nachdem die letzten Stahlblechgefäße ihren flüssigen Sauerstoff und ihr Alkoholwasser in die Tanks abgegeben hatten, wurde aus einiger Entfernung die elektrische Zündung eingeschaltet. Fast im gleichen Augenblick strömten Flammen aus dem Motor; ein tiefes Brummen erschütterte die Luft, die Rakete zitterte im Startgestell, hob sich schätzungsweise um ein bis zwei Zentimeter und blieb dann wieder bewegungslos im Startgestell hängen. Da der Betriebsstoff verbraucht war, konnte ein zweiter Startversuch nicht sofort erfolgen."[64]

Beim Transport war die Rakete an einer Stelle undicht geworden. Eine kleine Gruppe fuhr abends nach Berlin zurück, um erneut flüssigen Sauerstoff zu besorgen. Nach ihrer Rückkehr konnte für den 11. Juni ein weiterer Startversuch vorbereitet werden. Doch auch dieser und folgende Versuche scheiterten aus unterschiedlichen Gründen. Entweder funktionierte ein Ventil in der Sauerstoffleitung nicht oder der Schub reichte nicht aus. Zwei Tage später erhob sich die Rakete im Startgestell nur zwei Meter wegen eines Ventildefekts. Sie wurde dann von der Sicherheitsvorrichtung zurückgehalten. Danach packte man alles zusammen, um auf dem Raketenflugplatz in Berlin die Ursache herauszufinden. Am 18. Juni ging es erneut nach Mose. Tags darauf wurde das Startgestell mit Rakete wieder errichtet. Die notwendigen Anschlüsse wurden hergestellt und Betriebsstoffe herangeschafft. Wiederum gab es zunächst nur Fehlversuche, entweder versagte die Zündung oder ein Ventil war eingefroren. Nebel machte in einem Brief an Klewitz für das Scheitern das Wetter verantwortlich: „Wenn der Start nicht sofort gelungen ist, so lag dies ausschließlich an den jeweils veränderten Bedingungen. Die in Berlin vorgenommenen Versuche fanden bei schönstem und vor allem trockenem Wetter statt. Bei feuchtem Wetter arbeitet der von uns eingebaute Verdampfer, der die Aufgabe hat, den Druck in den Brennstofftanks zu erzeugen, unregelmäßig."[65] Die Versuche wurden abgebrochen, es sollten erst weitere Tests in Berlin durchgeführt werden. Zurück auf dem Gut Mose gelang am 28. Juni endlich ein Zündungsversuch. Eine spezielle Vorrichtung am Startgestell hielt bei diesem Test die Rakete fest. Gleichzeitig maß man den Schub des Triebwerks. Dieser war ausreichend, um die Rakete aufsteigen zu lassen.

Am nächsten Tag fand dann der vorerst erfolgreichste Vorversuch für den geplanten bemannten Raketenaufstieg statt: Der flüssige Sauerstoff, der verdünnte Alkohol und der flüssige Stickstoff, der zur Druckerzeugung dient und den Sauerstoff in die Brennkammer drückt, wurden in die Tanks gefüllt. „Männer mit Trichtern und Kannen, aus denen es dampft, eilen hin und her, die Leiter herauf und herab und bemühen sich, die Treibstoffe und den Stickstoff in die Tanks zu füllen. Andere kontrollieren den Druck, schrauben hier und schrauben da, ein dritter prüft die elektrische Zündanlage, Herr Riedel schwebt über dem Ganzen und über ihm Ingenieur Nebel."[66] Schließlich ging man in einiger Entfernung in Deckung. Nur noch ein Mechaniker stand auf der Leiter neben der Rakete, um die Ventile der Zuleitungen von den Tanks zur Brennkammer zu öffnen. Mit einem Fernrohr beobachtete man die Druckmanometer. Als der Druck 30 atü erreichte, verschwand auch der Mechaniker, denn bei 35 atü löste Heinisch die Zündung aus. Die Uhr zeigte 18.45 Uhr. Ein gelblich-weißer Feuerstrahl schlug

Oben am Startgestell wird der flüssige Sauerstoff ...

... mit einer Gießkanne von einer Leiter aus eingefüllt.

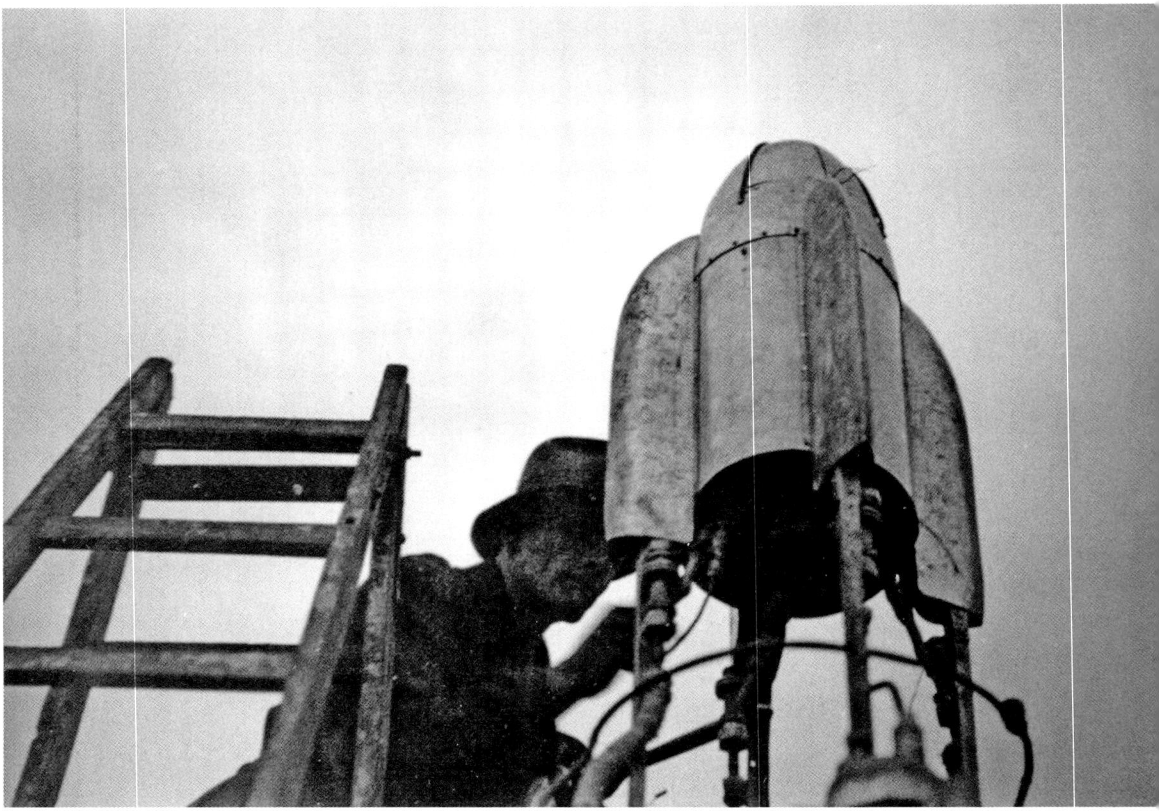

Ein Mechaniker öffnet ganz oben an der Pilotenrakete die Treibstoffventile.

aus dem Raketentriebwerk auf die darunterliegende Abdeckung des Treibstofftanks und der imitierten Pilotenkabine. Langsam stieg die Rakete an den Führungsplanken des Startgestells empor. Eine Führungsrolle verklemmte sich aber am Ende der Startvorrichtung, die Rakete erhielt kurz vor dem Verlassen des Holzgestells einen seitlichen Drall. Sie neigte sich zur Seite, flog etwa 60 Meter weit und landete nach 15 Sekunden mit brennendem Raketenmotor auf dem Feld. Der Flugkörper war nur gering beschädigt und für weitere Flugversuche verwendbar. Am 30. Juni wurde auf dem Gut Mose jedoch alles erst einmal verpackt und aufgeladen.

Die demolierte Rakete wird kurz nach dem missglückten Flug von den Berliner Raketenpionieren untersucht. ▸

Erster und letzter Flug der Pilotenrakete am 29. Juni 1933 (Filmfoto): Die Rakete steigt mit einem seitlichem Drall aus dem Startgestell auf und geht in einen ungeplanten, waagerechten Flug über.

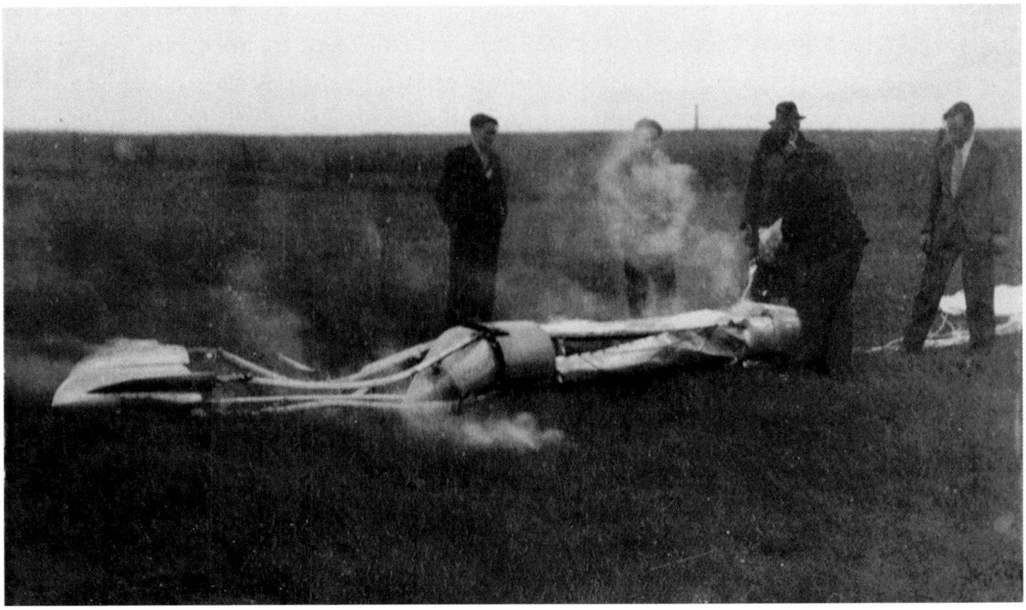

Der Bau eines neuen Hangars auf dem Raketenflugplatz Berlin, im Vordergrund die Pilotenrakete.

Zuschauer verfolgen in gebührendem Abstand eine der zahlreichen öffentlichen Vorführungen eines Raketenmotors auf dem Raketenflugplatz.

9

Letzte Tests vom Wasser aus und das Ende des Flugplatzes

Zur Jahresmitte 1933 hatten sich die Raketenpioniere auf dem Raketenflugplatz eine ausreichende Infrastruktur geschaffen. Besonders die Prüfstände für die Triebwerke waren für die damalige Zeit gut ausgebaut. Mittels einer bestimmten Wägetechnik konnte der Rückstoß exakt gemessen werden. Die demolierte, inzwischen berühmt gewordene Pilotenrakete wurde instand gesetzt. Mit umfangreichen technischen Verbesserungen sollten weitere Teststarts sie erproben. Die Vierstab-Rakete war eine 50-Liter-Rakete mit einem Startgewicht von 100 Kilogramm – für den Raketenflugplatz war sie zu groß. Doch ein geeignetes Startgelände in Berlin zu finden, war schwierig. Dieser Platz sollte sich nicht allzu weit entfernt von den Werkstätten befinden, nicht weiter als 30 Kilometer – das zeigten die Erfahrungen bei den Versuchen für Magdeburg. Der Verein für Raumschiffahrt hatte keine große Auswahl. Entweder erteilte der Besitzer sein Einverständnis nicht oder es fehlte die polizeiliche Genehmigung. Rudolf Nebel berichtete: „Am günstigsten sahen noch zwei Inseln im Tegeler See aus, und bald wurden wir mit dem Pächter der Insel Lindwerder, ‚Liebesinsel' genannt, Herrn Pieper, einig, unsere nächsten Raketenstarts dort vorzunehmen."[67] Die Wasserschutzpolizei hatte keine Einwände, und in der Nacht zum 14. Juli 1933 brachte der VfR mit einem Motorboot Rakete, Startgestell und Zubehörteile auf die Insel. „Riedel und ich ruderten hinüber und stellten fest, weshalb die Insel diesen romantisch klingenden Namen ‚Liebesinsel' hatte. Wir fanden rund 20 Zelte, in denen Liebespaare campierten. Die jungen Leute waren von unserem Vorhaben begeistert und machten keine Einwendungen."[68]

Die Insel war rund 143 Meter lang, 85 Meter breit und nur 0,95 Hektar groß. Sie lag etwa 400 Meter vom Strandbad Tegelsee entfernt, das sich am Westufer des Sees befand. Ende des 19. Jahrhunderts traf sich auf der Insel die „Allgemeine Deutsche Reimschmiede", zu der unter anderen die Sängerin Claire Waldoff und der Schriftsteller Heinrich Seidel gehörten. Auch der Chemiker Ernst Schering war hier häufig anzutreffen. Die ursprünglich kleinere Insel wurde in den 1930er-Jahren durch Aufschüttung von Hochofenschlacke aus der Eisengießerei der nahe gelegenen Borsigwerke erweitert. Sie befindet sich weiter in Privatbesitz, steht inzwischen unter Landschaftsschutz und wird an einen Wassersport- und Naturfreunde-Verein verpachtet. Den Hauptteil der Insel nehmen Schrebergärten ein.

Mittlerweile war die Rakete vollkommen umgebaut. Der Abstand zwischen Motor und Tanks war verkürzt worden, um den Schwerpunkt der Rakete weiter nach unten zu legen. Auch wurden neue Ventile eingesetzt. Und das Startgestell war nur noch eineinhalb Meter statt zuletzt zwölf Meter hoch. Man wollte verschiedene Fehlerquellen ausschließen. Am 10. Juli 1933 fand ein erneuter Brenntest auf dem Raketenflugplatz statt, jedoch zündete das Triebwerk nicht. Auch ein weiterer Test am Folgetag scheiterte wegen einer gebrochenen Zündleitung. Schließlich gelang der Start vier Tage später am 14. Juli um 5.45 Uhr auf der Insel Lindwerder. Dabei wurde ein Vierstab-Repulsor eingesetzt, der einen Schub von 170 Kilogramm entwickelte. Nebel filmte von einem Boot aus mit seiner 16-Millimeter-Schmalfilmkamera den Flug und den geplanten Sturz ins Wasser. Die Rakete stieg etwa 700 Meter hoch, drehte dann drei Loopings und stürzte ab. Kurz vor dem Eintauchen in den See öffnete sich der Fallschirm und bremste die Rakete noch ab. Nach ihrer Bergung stellte sich heraus, dass sich ein Sauerstoffventil nicht geöffnet hatte. So bewirkte der volle Sauerstofftank bei zunehmender Entleerung der anderen Tanks eine immer stärkere Seitenbewegung.

Nebel soll sich auch mit dem Einbau von Stabilisierungseinrichtungen beschäftigt haben. Hierbei übernahm der Kreisel die entscheidende Funktion. Bei dem Versuchsstart am 21. Juli 1933 besaß die Pilotenrakete für die aerodynamische Stabilisierung während des Aufstiegs noch Leitflossen am Kopf. Inzwischen ließ man die Steuerflossen weg. Die Rakete war zweieinhalb Meter hoch und stieg in eine Höhe von 60 Metern, verlor dann ihre geplante Flugbahn und stürzte ins Wasser. Bei diesem Test versagte ein Ventil in der Brennstoffleitung und es ergab sich wieder der Effekt der Seitensteuerwirkung. Der Berliner „Volks-Anzeiger" beschrieb den Versuch: „Obwohl man versucht hatte, die Startzeit geheimzuhalten, hatte sich bereits um 4 Uhr morgens eine Anzahl Paddler und Motorbootfahrer eingefunden, die das Aufsteigen der Rakete beobachten wollte. Aus großen Gefäßen wurde der Treibstoff in die Tanks gefüllt, die sich am unteren Ende des Flugkörpers befinden. Ingenieur Nebel, der Konstrukteur der Rakete, gab die letzten Anweisungen. Neben ihm stand ein schlanker junger Mann, sein Mitarbeiter Heinisch. (…) Alle Boote fuhren nun von der Insel fort, und die wenigen Zeugen, die in der Nähe blieben, nahmen Deckung. Auf das Zeichen ‚Los!' wurde der Kontakt hergestellt, eine Stichflamme schoß aus der Rakete, die sich mit lautem Getöse in die Luft erhob. Fast kerzengerade stieg sie auf, aber in 60 Meter Höhe neigte sich die Spitze, und, aus der Bahn geworfen, stürzte der Flugkörper ins Wasser. Hoch spritzte das Wasser auf, und der Antrieb raste weiter, bis der Treibstoff verbraucht war. Motorboote bargen dann die Rakete, die beim Aufschlagen auf das Wasser nur leicht beschädigt war."[69] Nach drei Versuchen verweigerte jedoch der Insel-Pächter Carl Pieper in der zweiten Julihälfte weitere Tests. Jedes Mal kamen mehr Menschen zu den Raketenflügen, es gab Ärger mit der Polizei.

Gut 50 Kilometer südlich vom Raketenflugplatz wurde havelabwärts ein neuer Start vorbereitet: auf dem Schwielowsee bei Potsdam. Der See ist 5,4 Kilometer lang, bis zu zwei Kilometer breit, im Durchschnitt 2,80 Meter tief und hat keine Insel. Für diesen Start benötigten die Raketenbauer ein Boot. „Zunächst gelang es uns nicht, in ganz Berlin einen Motorbootbesitzer zu finden, der sein Boot für einen solchen Start zur Verfügung stellen wollte. Erst nach langen Bemühungen fanden wir bei der Marinegruppe im *Stahlhelm* Verständnis für unsere Raketenarbeiten. Man konnte uns zwar kein betriebsfähiges Boot zur Verfügung stellen, aber ein Boot, das durch Einbau eines Motors, den wir bereits besaßen, für uns verwendungsfähig wurde."[70] Rudolf Nebel war Mitglied der paramilitärischen Organisation Stahlhelm, seit April 1933 der SA unterstellt. Zu den damaligen politischen Einstellungen im Verein für Raumschiffahrt äußerte sich später Rolf Engel: „Selbstverständlich beeinflußten die politischen Auseinandersetzungen

Der Vierstaber wird zum Start auf der Insel Lindwerder im Tegeler See vorbereitet, Juli 1933.

der Weimarer Republik die einzelnen Mitarbeiter des Raketenflugplatzes. Wir führten viele Diskussionen – abends, sonntags, wenn wir keine Arbeit in der Werkstatt hatten oder beim gemeinsamen Essen. Unsere Gruppe war bunt zusammengesetzt: Einer der acht Männer, die 1931/1932 auf dem Raketenflugplatz arbeiteten, war Nationalsozialist und Mitglied der SA. Dann gab es drei Kommunisten beziehungsweise Sympathisanten der KPD und drei Sozialdemokraten. Der letzte war neutral, und das war ich. Ich gehörte nirgendwo hin."[71]

Zunächst brachte man die startfertige Rakete ins acht Kilometer entfernte Spandau. Von dort legte morgens das Startboot „Kamerad" mit ihr ab, blieb dann aber auf halber Strecke liegen. Helfen konnte schließlich Regierungsbaurat Heß vom Staatlichen Wasserbauamt Potsdam. Er machte den Start am nächsten Morgen um acht Uhr möglich. Heß „ließ das Startboot ‚Kamerad' durch ein Schleppboot auf den Schwielowsee bringen und übernahm während des Starts selbst die Mannschaft des Startbootes. Wenn auch infolge Ventilversagers (sic!) nur eine geringe Steighöhe erreicht werden konnte, so zeigte die Durchführung dieses Startversuches doch die Vorteile eines Wasserstartes vom Boot aus. Infolge der geringen Beschädigungen erfolgte bereits am 11. August 1933, mittags 12 Uhr, nach Reparatur des Startbootes, ein neuer

Start. Hier sollte leider nicht alles glatt gehen. Die Rakete ging infolge Ventilversagers nur etwa 80 Meter hoch, landete an einer sehr tiefen Stelle und konnte, trotz eifrigen Suchens, nicht wieder gefunden werden.“[72] An der Suche beteiligte sich sogar das Lübecker Unternehmen Drägerwerke, spezialisiert auf Tauchtechnik. Die Rakete blieb verloren.

Doch Nebel und seine Mannschaft gaben nicht auf. Nach knapp drei Wochen war eine neue Rakete fertig. Schon am 1. September 1933 ging man wieder aufs Wasser. Um 15 Uhr erfolgte der Start. „Bei diesem ging die Rakete etwa 30m hoch, tauchte in das Wasser, kam wieder aus dem Wasser heraus, und wäre zweifellos noch hochgeflogen, wenn nicht der Fallschirm beim Aufschlag auf die Wasseroberfläche aufgegangen wäre und den Flug abgebremst hätte.“[73] Schließlich wollte man jedoch unabhängig von einem fremden Startboot sein und Kosten sparen. So fertigten die Raketenpioniere aus acht Benzinfässern ein Floß, von dem aus die Flugkörper aufsteigen sollten. Schon am 9. September sollte der erste Zweistab-Repulsor mit einem 1,7/200-Triebwerk von der neuen Plattform abheben. Doch beim Zünden platzte eine Zuleitung und zerstörte den Fallschirm. Auch ein weiterer Versuch zehn Tage später mit dem zweiten Zweistaber verlief erfolglos.

Die Rakete war inzwischen mehrfach umkonstruiert worden. Die Tankverkleidung fiel weg, entweder bildeten zwei oder vier Röhren die Behälter. Aus dem Gerät wurde ein Vierstaber, dann ein Zweistaber. Wie auch Riedels Zweistaber aus dem Jahr 1931 konnte dieser zum Start auf den „Füßen“ stehen und benötigte nur das Floß als einfache Startplattform. Allerdings gelang keiner der Versuche, die bis zum 18. September stattfanden. Der letzte Raketenstart erreichte nur 150 Meter Höhe und die Rakete stürzte dann in einem Bogen ins Wasser. Alle Ventile und Apparaturen funktionierten problemlos, für die geringen Höhen war die mangelnde Flugstabilität verantwortlich. Nach den Versuchen auf den Seen bei Berlin unternahmen die Konstrukteure keine weiteren Starts. Die finanziellen Ressourcen waren bald aufgebraucht, weiteres Geld und Material kamen nur noch von wenigen Sponsoren.

Dennoch kam es bereits im Winter 1932 für die Pilotenrakete zu Vorarbeiten für einen neuen Prüfstand. Der Aufbau und erste Tests folgten im Frühjahr. Der bisherige aus dem alten UFA-Startgestell reichte für den 200-Kilogramm-Motor und auch den geplanten 600-Kilogramm-Motor nicht mehr aus. Zugleich wurde auf der Innenseite der Böschung ein neuer Beobachtungsstand eingegraben. Beim Brenntest am 9. März erwies sich der Prüfstand aber als Provisorium, sodass Hans Hüter mit der Konstruktion eines größeren Prüfstandes begann. Es wurde ein massives Betonfundament gegossen und ein stabiler Stahlaufbau errichtet. Die Aufnahme des Raketenmotors verband man mit einem beweglichen Träger, der am anderen Ende zur Wägeeinrichtung führte.

Rudolf Nebel hielt Mitte 1934 weiter an seinem Plan einer bemannten Pilotenrakete fest. Es bestand immer noch die Hoffnung auf einen Raketenflugtag, der neue Finanzmittel einspielen würde. Nebel versuchte wiederholt, die Magdeburger Stadtpolitiker zu überzeugen. Doch selbst einige seiner Mitarbeiter zweifelten damals an der Umsetzbarkeit des Projekts. Willy Ley zitierte seinen Freund, das VfR-Mitglied Herbert Schäfer: „Wir fingen alle an, fieberhaft zu arbeiten, obwohl wir alle wußten, daß es unmöglich war, solche Raketen in der kurzen

Der neue Vierstab-Repulsor ohne Leitflossen am Raketenkopf auf der Insel Lindwerder.

Die Rakete hebt ab: der erste Flug auf Lindwerder. ▼

Der sechs Meter hohe Zweistaber wird auf dem Raketenflugplatz für einen Test vorbereitet: Kurt Heinisch steht auf der Leiter, Klaus Riedel hält die Arme verschränkt.

vereinbarten Zeit fertigzustellen. Aber es war das eine Gelegenheit, große Raketen zu bauen, ohne dauernd durch Geldmangel behindert zu werden."[74]

Mehr und mehr schaltete sich auch das Militär ein. Das Heereswaffenamt hatte mittlerweile auf der Heeresversuchsanstalt Kummersdorf mit Walter Dornberger und Wernher von Braun ein effektiv und erfolgreich arbeitendes junges Team gebildet (siehe Kapitel 10). In einem Vermerk hieß es dazu jedoch im Oktober 1933, dass davon die Öffentlichkeit nichts erfahren sollte. Rudolf Nebel ignorierte mit seinem Flugblatt „Raketen-Torpedos" diesen Vermerk. Sein Papier, das die militärischen Einsatzmöglichkeiten der Flugkörper behandelte, kursierte in verschiedenen Behörden und alarmierte so das HWA. Die Berliner Gestapo lud daraufhin Nebel im Oktober vor und warnte ihn, er solle über seine früheren Kontakte mit dem Reichswehrministerium Stillschweigen bewahren. Als Nebel die Gründung eines neuen Vereins plante („Raketenflugplatz Berlin e.V."), bat man Hauptmann Erich Schneider um eine Stellungnahme. Er äußerte sich mit deutlichen Worten: „Das Heereswaffenamt Prüfwesen sieht (…) in der von maßlosen Übertreibungen strotzenden Pressepropaganda des Dipl.-Ing. Nebel eine Gefährdung der Interessen der Landesverteidigung. Die Rakete ist in hervorragender Weise für militärische Zwecke geeignet. Es ist daher vom militärischen Standpunkt aus unerwünscht, daß die Entwicklung dieses technischen Problems in aller Öffentlichkeit durch einen Verein erfolgt, der auf Reklame und Propaganda angewiesen ist."[75] Lange Zeit hatte sich das Heereswaffenamt ruhig verhalten und nicht reagiert. Nun ging es auch darum, die eigenen Aktivitäten zu schützen.

Hauptmann Schneider äußerte sich direkt zum Raketenflugplatz und sprach sich für die Schließung aus: Das Heereswaffenamt, Abteilung Prüfwesen (WaPrW), „sah sich in letzter Zeit mehrfach gezwungen gegen unerwünschte Propaganda und Presseveröffentlichungen des Nebel vorzugehen. Nebel hat im Gegensatz zu seinen übertriebenen Behauptungen bisher keine brauchbaren Ergebnisse erzielt und unter Nichtbeachtung der Wünsche von WaPrW die der Öffentlichkeit gegenüber gebotene Zurückhaltung vermissen lassen. Er hat im Gegensatz dafür gesorgt, daß sein Raketenflugplatz, dazu noch meist in Verbindung mit der deutschen Militärbehörde, in der Literatur und Presse der ganzen Welt genannt wird. Aus diesen Gründen besteht nunmehr bei WaPrW die Auffassung, daß es im Interesse der Landesverteidigung liegt, wenn die Versuche auf militärischem Gelände in Tegel eingestellt werden und damit der unerwünschten Propagandatätigkeit des Nebel Einhalt geboten wird."[76] Thematisiert wurde nun eine noch offene Wasserrechnung auf dem Raketenflugplatz. Die Folge: Das Wehrkreisverwaltungsamt Berlin kündigte Nebel am 7. April 1934 den Pachtvertrag für das Gelände des Raketenflugplatzes. Dabei waren die Wasserkosten nicht Teil des Mietvertrages. Diese addierten sich über die Jahre auf über 30.000 Reichsmark. Das bedeutete das Aus für den ersten Raketenflugplatz der Welt.

Kurz nach Weihnachten 1933 forderte Schneider eine Einschränkung der Bewegungsfreiheit Nebels, er sollte vor allem nicht ins Ausland gehen. Daraufhin besuchte die Gestapo ihn am 4. Januar 1934. Sie zog seinen Reisepass ein, denn es bestehe ein Verdacht auf Landesverrat.

Obwohl das Arbeitsaufkommen auf dem Raketenflugplatz zurückgegangen war, lief die Arbeitslosenförderung bis Ende August 1934. Die vier Vereinsmitglieder Rudolf Nebel, Klaus Riedel, Werner Dunst und Hans Hüter wurden wegen ihrer langjährigen Erfahrung

Die isolierten Leitungen und Ventile der verkürzten Version und mittig die Raketendüse.

Der Mechaniker des Raketenflugplatzes Hans Bermüller posiert mit dem Raketenmotor.

Fünf Mitarbeiter verfolgen am 12. Juli 1933 den Brennversuch des neuen Vierstabers, der Hangar ist geöffnet.

als ausgebildete Ingenieure weiterbeschäftigt. Eine Fortsetzung der Maßnahme darüber hinaus war nicht vorgesehen. Es schien, als sei auf dem Raketenflugplatz alles zum Stillstand gekommen.

Im März 1934 kam aus Magdeburg die Frage, welche Fortschritte die Arbeiten auf dem Raketenflugplatz machten. Einige Bauteile wie die Pilotenkabine standen dort zwar bereit und zwei große Triebwerke mit einer geplanten Schubkraft von 600 Kilogramm waren schweißfertig vorbereitet. Aber weitere Montagen oder Brenntests hatten bislang nicht stattgefunden.

Das Propagandaministerium erließ am 6. April 1934 eine Verfügung, die Berichte über Raketentechnik verbot. Auch aus Romanen wurde ein Wort wie „Rakete“ verbannt. Später, im

Auf dem Schwielowsee wird auf dem Boot „Kamerad" unter Aufsicht der Wasserschutzpolizei ein Vierstaber zum Start vorbereitet.

Januar 1935, hieß es in einer NS-Presseanweisung: „Es sollen möglichst wenig Berichte über Raketenflugzeuge, Raketenautos usw. erscheinen, auch nicht in Buchform."[77]

Nach dem Röhm-Putsch (30. Juni–2. Juli 1934) erreichte Reichskriegsminister Werner von Blomberg, dass Karl Becker vom Heereswaffenamt vor Adolf Hitler einen Vortrag über Raketenwaffen halten konnte. Daraufhin erteilte Hitler einen „Führerbefehl", dass für das gesamte Gebiet der Raketentechnik „ausschließlich das Heereswaffenamt" zuständig sei. Damit war der Grundstein für die Monopolisierung der Raketenentwicklung durch Reichswehr und Wehrmacht im Dienst der Aufrüstung gelegt. Die politischen und militärischen Entscheidungsträger wollten sich auf diese Weise einen Rüstungsvorsprung verschaffen. Die noch versteckt operierende Luftwaffe hatte mit einem für sie eigentlich interessanten Gebiet nichts mehr zu tun.

Nun war es dem Heereswaffenamt auch möglich, Nebel die Arbeiten zu untersagen. Die Behörde konnte fortan Raketenarbeiten unter ihrer Führung koordinieren und außerhalb ihres Wirkungsbereichs verbieten. Im Juni 1934 schickte die geheimdienstliche Abwehr einen Auftrag an die Gestapo, das Haus von Rudolf Nebel zu durchsuchen. Gleichzeitig wurde ein

Kurz vor dem Start vom Boot aus: Die Ventile sind geöffnet, flüssiger Sauerstoff verdampft.

Haftbefehl wegen Geheimnisverrats erlassen. Nicht zuletzt auch auf Druck des Heereswaffenamtes schlossen die Behörden den Raketenflugplatz als Experimentierstätte am 30. Juni 1934. Das HWA forderte die Abwehr am 7. Juli 1934 dazu auf, Nebels Flugblatt einzuziehen. Die Gestapo stand am nächsten Tag erneut vor seiner Wohnungstür in der Joachim-Friedrich-Straße, traf ihn aber nicht an. Eine umfangreiche Hausdurchsuchung folgte. Da die Beamten das Flugblatt nicht kannten, nahmen sie sämtliche Raketen-Schriftstücke mit. Kurz darauf wurde Nebel in seinem Büro festgenommen und ins Berliner Polizeigefängnis in der Prinz-Albrecht-Straße 8 gebracht. Nach einer Weile vernahm ihn ein Gestapo-Beamter. Der erkannte ihn, weil er öfter aus Interesse auf dem Raketenflugplatz gewesen war. Nach zwanzig Stunden im Polizeigefängnis kam Nebel am nächsten Morgen wieder frei. Jedoch erhielt er seine Unterlagen nicht zurück. Und ihm blieben zum Experimentieren und Agieren kaum noch Möglichkeiten.

Im September 1934 teilte Nebel der Stadt Magdeburg das Ende seiner Aktivitäten mit. In einem Brief an Oberbürgermeister Markmann schrieb er, dass das Arbeitsministerium „zur

Ein Floß aus leeren Benzinfässern dient als Startplattform für den neu entwickelten Zweistaber.

Zeit private Forschungsarbeit auf dem Raketengebiet nicht unterstützen könne, da das Reichswehrministerium diese Forschungsarbeiten selbst durchführen will".[78]

Das Gelände des Raketenflugplatzes musste bis zum 30. September 1934 geräumt werden. Wo die Gerätschaften hinkamen, ist nicht bekannt. Denkbar ist, dass die Gestapo oder das HWA sie abtransportiert hat. Oder die Firma Siemens hat sie eingelagert. Nebel blieb im Oktober als letzte Handlung nur übrig, Riedel, Heinisch, Engel, Dunst und anderen Mitstreitern ein Arbeitszeugnis auszustellen.

Nach dem Krieg behauptete Walter Dornberger vom Heereswaffenamt, dass die Raketenerfinder als nachrichtendienstlicher Schutzschild für die militärischen Versuche gedient hätten: „Wir mussten das Vorhaben parallel aufziehen. Das war die einzige Möglichkeit. Die anderen" – die sogenannten kleinen Erfinder – „durften und sollten nicht kaputt gemacht werden. Im Gegenteil. Solange sie existierten und Reklame machten, war das Augenmerk des ausländischen Nachrichtendienstes mehr auf sie gerichtet als auf uns."[79] In seiner Denkschrift zur Raketenentwicklung im „Dritten Reich" gestand er ein, dass man unbelehrbaren Erfindern im Interesse der Staatssicherheit die Arbeitsmöglichkeiten nahm: „Entscheidend für das

Das Floß mit dem Zweistaber wird von einem Motorboot auf den Schwielowsee gezogen.

Arbeiten des Heeres-Waffenamtes war, dass Deutschland – trotz des Versailler Vertrages – durch Zusammenfassung der tüchtigsten auf diesem neuen technischen Gebiet tätigen Kräfte einen Rüstungsvorsprung bekam, den die anderen Staaten der Welt sobald nicht einholen konnten. Dieser Rüstungsvorsprung konnte unter den damaligen Verhältnissen und erst recht während der Aufrüstung nach der Machtergreifung des Führers nur unter strengster Geheimhaltung erlangt werden. (...) Während dies bei den Pulverraketen gelang, mußte das Heeres-Waffenamt auf dem Flüssigkeitsraketengebiet bald die Aussichtslosigkeit erkennen, auch die selbständigen Erfindergruppen zum Schweigen zu bewegen. Es sah sich daher gezwungen, in den nächsten Jahren durch Entzug der Hilfsgelder und Verwarnung durch die Staatspolizei den unbelehrbaren Erfindern die Arbeitsmöglichkeiten zu nehmen und durch Heranziehung von wirklichen Fachleuten selbst erst einmal die Grundlagen für eine stetige, gewissenhafte Lösung des Antriebsproblems der Flüssigkeitsrakete zu schaffen."[80]

Die Mannschaft des Raketenflugplatzes mit Freiwilligen des Arbeitsdienstes am 19. Oktober 1933, mittig Klaus Riedel und Rudolf Nebel, hinten das Auto mit mobiler Startrampe.

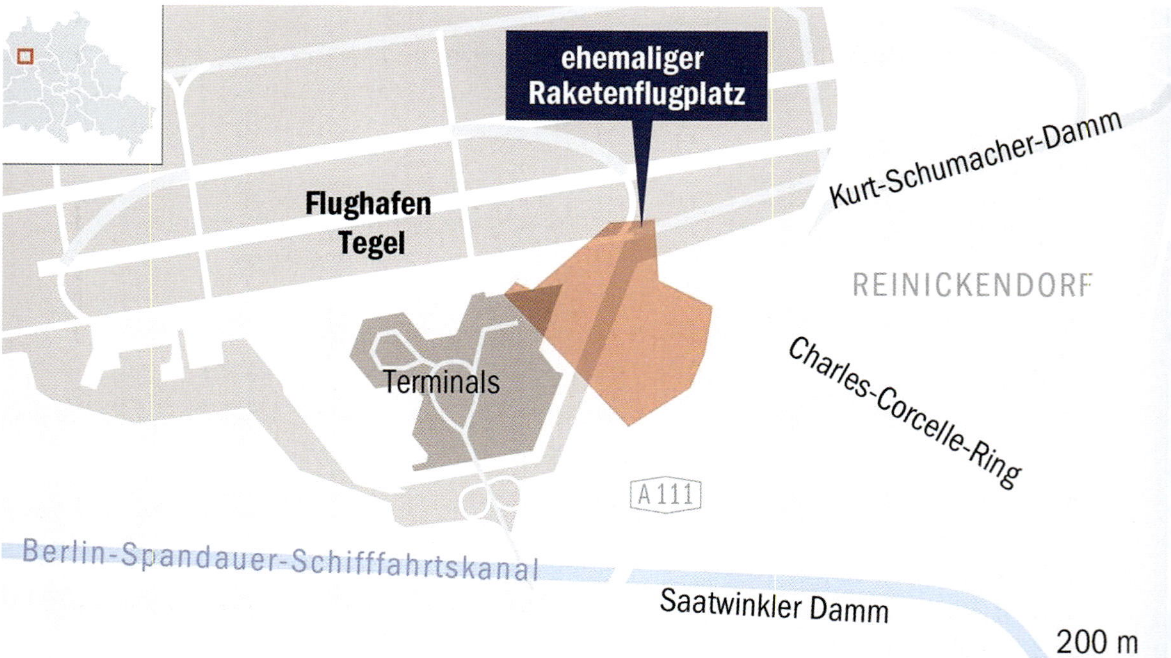

Auf dem Gelände des ehemaligen Raketenflugplatzes befand sich von 1974 bis 2020 der Flughafen Tegel.

10

Von Kummersdorf und Peenemünde nach Huntsville

Das Militär hatte die Raketenpioniere genau beobachtet und startete dann sein eigenes Entwicklungsprogramm, bei dem es die privaten Initiativen verdrängte. Es griff ein und übernahm die vollständige Kontrolle über die deutsche Raketenentwicklung. Seine Sicherheitsinteressen standen über der freien Forschung und Entwicklung. Im Juli 1932, nur zwei Wochen nach der Raketenvorführung des Vereins für Raumschiffahrt, hatte das Heereswaffenamt in Kummersdorf einen eigenen Prüfstand für Flüssigkeitsraketen in Auftrag gegeben. Erklärtes Ziel war, diese Technik militärisch zu nutzen. Wernher von Braun arbeitete seit November 1932 als ziviler Mitarbeiter in der Versuchsstelle. „Das Heereswaffenamt bot damals Nebel und uns allen an, mit finanzieller Unterstützung des Heereswaffenamtes auf dem Gelände der Reichswehr an der an sich für aussichtsreich gehaltenen Flüssigkeitsraketenaufgabe weiterzuentwickeln. Nebel lehnte dieses ab, da er die Heeresbürokratie fürchtete und außerdem glaubte, bessere Bedingungen einhandeln zu können. Ich schloß mich seiner Auffassung nicht an, da ich die Arbeiten auf dem Raketenflugplatz für einen unseriösen Zirkusbetrieb ansah, der zu ständigen Schauvorführungen verurteilt war, da ihm die eigenen Geldmittel fehlten."[81]

Wernher von Braun brach nach der Diplomvorprüfung sein Maschinenbaustudium an der Technischen Hochschule Berlin ab und immatrikulierte sich für Physik an der Berliner Universität. Bei der missglückten Vorführung im Juni hatten ihn die Professionalität und Ausstattung der Anlagen in Kummersdorf beeindruckt. „Ich war mir bewusst, dass das Spielzeug Mirak 2 in Wirklichkeit eine nur unbedeutende Annäherung an eine echte Flüssigkeitsrakete war. Probleme wie Kreiselsteuerung, Düsenruder, Stellglieder, Abschaltsteuerung, Förderpumpen, elektromagentische Ventile drehten sich in meinem Kopf herum. Ich war mir sicher, dass Reinickendorf selbst für ein umfangreiches experimentelles Programm völlig unzureichend ausgestattet war, was die Voraussetzung für Erfolg wäre. Es schien, dass die Gelder und Einrichtungen der Reichswehr der einzige praktische Ansatz für die Raumfahrt waren."[82]

Zunächst beauftragte man Privatunternehmen, die Triebwerke zu entwickeln, nach Kummersdorf zu bringen und dort vorzuführen. Bei der Berliner AG für Industriegasverwertung von Paul Heylandt war es etwa Walter Riedel, der wohl schon seit 1928 Triebwerke konstruierte und Patente anmeldete. Der erfahrene Ingenieur arbeitete gemeinsam mit Arthur Rudolph für Max Valier. Das HWA schöpfte diese Ressource ab, beschäftigte aber immer mehr eigene Nachwuchsingenieure. In einem extra ausgebauten Areal, der Versuchsstelle West, entwickelten sie parallel Triebwerke. Als sich ihre Arbeit als zuverlässiger und erfolgversprechender zeigte, beendete das HWA die Kooperation mit der Industrie, warb die fähigsten Mitarbeiter ab – Riedel wurde 1934 eingestellt – und integrierte sie.

Wernher von Braun begann mit einem Mechaniker erste eigene Entwicklungen für einen Raketenmotor. Dabei konnte er auf seine auf dem Raketenflugplatz gewonnenen Erfahrungen aufbauen. Aggregat 1 (kurz: A1) war die Bezeichnung einer im Jahr 1932 entwickelten Versuchsrakete mit einer Länge von 1,40 Metern, einem Durchmesser von 0,30 Metern und einem Startgewicht von 150 Kilogramm. Im Frühjahr 1933 fand in Kummersdorf von Brauns erster Brenntest statt. Dazu bekam er die Hälfte der kleinen Prüfanlage von 30 Quadratmetern bereitgestellt. Der Prüfstand 3 bestand nur aus einem Beobachtungsbunker, seitlichen Schutzwänden, einem Rohr zur Ableitung der Verbrennungsgase und einem beweglichen Schiebedach. Von Braun verfolgte das Experiment geschützt hinter dicken Mauern und blickte durch Panzerglas. Mit den gewonnenen Daten vom Ablauf des Brennvorgangs verbesserten die Entwickler danach das Gerät. Am Anfang kam es auch in Kummersdorf zu Fehlschlägen: Geräte explodierten oder Motoren brannten durch. Zwei Jahre lang unternahm man ausschließlich statische Brennversuche. Bei einem Startversuch explodierte die A1. Die Nachfolgerakete A2 aber war flugfähig. Der kleinen Entwicklergruppe gelang es am 20. Dezember 1934, mit den beiden Exemplaren „Max“ und „Moritz“ die ersten eigenen Flüssigkeitsraketen von der Insel

Eine A3-Rakete im Prüfstand 4 vor einem Triebwerktest in der Raketenforschungsstelle Kummersdorf, um 1936.

Borkum zu starten. Die A3, die nur zu Testzwecken entstand und keine Nutzlast (Sprengstoff) tragen konnte, hatte in Kummersdorf-West bereits eine Länge von sechseinhalb Metern und einen Durchmesser von 68 Zentimetern. Das Startgewicht gegenüber der A1 hatte sich versechsfacht, und das Triebwerk entwickelte einen Schub von 1.500 Kilogramm. Im Dezember 1937 fanden vier Starts auf der Insel Greifswalder Oie statt, die alle fehlschlugen. Erst der direkte Nachfolger A5 zeigte 1938 einen Erfolg.

Von Braun und Riedel waren jedoch seit März 1936 mit der Entwicklung viel größerer Raketen beschäftigt. Da diese in Kummersdorf nicht gestartet werden konnten, musste ein geeigneteres Gelände gefunden werden. Die Wahl fiel auf Peenemünde auf der Insel Usedom. Den entscheidenden Hinweis dazu gab die Mutter von Wernher von Braun, sie stammte aus Anklam. Aus der Sicht der Militärs sprach für den Ort neben einem freien Schussfeld entlang der pommerschen Küste vor allem die Abgeschiedenheit, mit der die Geheimhaltung erleichtert wurde. Zwischen 1932 und 1936 blieb in der Heeresversuchsstelle Peenemünde der Kreis der Fachleute noch auf 78 Raketenkonstrukteure und -bauer beschränkt. Im Mai 1937 war bereits die Mehrheit der Mitarbeiter von Kummersdorf umgezogen. Wernher von Braun wurde zum

Der ehemalige große Prüfstand 5 in der Versuchsstelle Kummersdorf-West, 2014.

Wernher von Braun (r.) beobachtet mit Klaus Riedel aus dem Kontrollraum am Prüfstand 1 in Peenemünde durch das Periskop den Probelauf eines Triebwerks.

technischen Direktor des Werks Ost (Heer) der neuen Versuchsstelle ernannt. Zwischen 1936 und 1945 arbeiteten bis zu 15.000 Personen gleichzeitig an der militärtechnischen Entwicklung, Erprobung und Produktion von Fern- und Präzisionswaffen. Parallel dazu wuchs die Anlage in der Fläche von anfänglich 800 auf 3.500 Hektar.

Auf einen Vortrag Dornbergers und von Brauns bei Hitler am 20. August 1941 folgte ein „Führerentscheid“: Mit „sofortiger Wirkung“ galt für die gesamte Heeresversuchsanstalt die höchste Prioritätsstufe. Das Gesamtprojekt war fortan im Hinblick auf Transportmittel, Rohstoffe, Maschinen und Arbeitskräfte „mit allen Mitteln“ zu unterstützen.

Doch die Träume der Männer der ersten Stunde vom Flug zu den Sternen erfüllten sich vorerst nicht. Die Entwicklung des Aggregats 4, das von Propagandaminister Joseph Goebbels als „Vergeltungswaffe“ benannt wurde und als V2 zum Kriegseinsatz kam, ergab ein mörderisches Kapitel deutscher Technikgeschichte. Daran beteiligt war auch Oberingenieur Walter Riedel. Ebenfalls war Klaus Riedel für die Raketenentwicklung der Heeresversuchsanstalt tätig. Er wollte sich nach der Schließung des Raketenflugplatzes auf dem Gebiet der Raketentechnik weiterbilden und arbeitete seit Oktober 1934 bei der Firma Siemens. Im August 1937 wechselte er nach Peenemünde und beteiligte sich an der Entwicklung von Triebwerken für die Aggregate 9 und 10. Da es noch einen weiteren Ingenieur mit dem Namen Riedel gab, wurde der erste als Riedel I, der zweite als Riedel II und der dritte, Walther Riedel, eingesetzt in der Konstruktionsabteilung des Entwicklungswerks, als Riedel III bezeichnet. Klaus Riedel kümmerte sich seit 1941 um die technischen Aspekte bei der Vorbereitung des militärischen Einsatzes von A4 unter frontnahen Bedingungen. Er verunglückte 1944 bei einem Autounfall nahe Peenemünde.

Der Gründer des Raketenflugplatzes, Rudolf Nebel, machte sich nach der Schließung mit einem Ingenieurbüro selbstständig. Er und Klaus Riedel verkauften im Juli 1937 ihre beiden Patente aus dem Jahr 1931 für 75.000 Reichsmark in einem Geheimvertrag an das Heereswaffenamt. Damit wollten von Braun und Riedel den früheren Mitstreiter für sein Engagement entschädigen, die Patente wurden nicht verwendet. Im Juli 1944 erhielt Nebel, vermittelt von Riedel, einen Auftrag von der Mittelwerk GmbH in Nordhausen. Er sollte die Montage der empfindlichen Rudermaschinen des Aggregats 4 durch einen „automatischen Arbeiter"

Der Start einer der ersten Testflüge einer A4-Rakete im Herbst 1942.

unterstützen. Nach 1945 trat Nebel als Vortragsredner auf und kämpfte vergeblich um eine Anerkennung und Entschädigung.

Aber nicht alle Raketenpioniere sind nach dem Juni 1934 in Deutschland geblieben. Herbert Schäfer emigrierte 1936 gemeinsam mit Willy Ley in die USA. „Die Militärs waren an unserer Arbeit interessiert. Da wir uns ihnen damals aber nicht anschließen konnten – Riedel, Hüter, Zoike und Schäfer arbeiteten bei Siemens – wurden wir sozusagen auf Eis gelegt, bis dies schließlich anläßlich des Aufbaus von Peenemünde möglich war."[83] Schäfer arbeitete nach dem Krieg bei der Army Ballistic Missile Agency (ABMA) als Luft- und Raumfahrtingenieur. Sie wurde 1956 gegründet, um die erste große ballistische Rakete der US-Armee zu entwickeln, ihr technischer Direktor war Wernher von Braun. Seit 1959 war Schäfer für die NASA in Huntsville tätig, arbeitete am Start von Satelliten und für das Centaur-Programm mit Krafft Arnold Ehricke als Direktor. Die Centaur war die weltweit erste Raketenstufe, die flüssigen Wasserstoff und flüssigen Sauerstoff als Treibstoff verwendete. Ehricke war zuvor ein bedeutendes Mitglied des Raketenentwicklungsprogramms in Peenemünde gewesen.

Durch die Gleichschaltung der Presse im nationalsozialistischen Deutschland fühlte sich Willy Ley in seiner journalistischen Tätigkeit beeinträchtigt. Das Verbot von Publikationen über Raketen 1934 schränkte seine Spielräume ein. Auch die politische Situation missfiel ihm immer mehr. Zum Jahresende begann er, seine Auswanderung, getarnt als Journalistenreise, vorzubereiten. Im Februar 1935 fuhr er mit Schäfer zunächst im Zug nach Holland, um dann über Großbritannien in die USA auszuwandern. Dort arbeitete Ley als Wissenschaftsjournalist und Raumfahrthistoriker. Mit seinen Veröffentlichungen und Büchern konnte er die Öffentlichkeit für die Raumfahrt begeistern. Von 1957 an war Ley für die NASA tätig.

Zurück nach Peenemünde: 1942 war das Aggregat 4 (A4) die weltweit erste funktionsfähige Kurzstreckenrakete mit Flüssigkeitstriebwerk. Mit einer Länge von 14 Metern besaß sie einen Durchmesser von 1,6 Metern. Die 14 Tonnen schwere Rakete war bei ihrem vierten Versuchsstart am 3. Oktober 1942 erstmals erfolgreich: Sie flog mit einer Höchstgeschwindigkeit von 4.824 Stundenkilometern bis zu 84,5 Kilometer hoch und drang damit erstmals in den Weltraum vor. Nach fünf Minuten Flugzeit schlug sie in der Ostsee 192 Kilometer östlich von Peenemünde auf. Für die beobachtenden Wehrmachtsoffiziere und Entwicklungsingenieure schienen die Sterne nun wirklich näher zu rücken. Zuvor hatten Militärs und Nazigrößen lange Zeit alles nur für Theorie und Utopie von „Raketenspinnern" gehalten.

Die Rakete war nun eine Kriegsrakete für Angriffszwecke. Der „totale Krieg" wurde durch das deutsche Raketenprogramm konkret. Weil Deutschland im Krieg die Niederlage drohte, setzte die Staatsführung auf neue, unkonventionelle Waffen. Ab September 1944 brachte Aggregat 4 als V2 vor allem über London und später Antwerpen Tod und Verwüstung. Die V2 konnte wegen ihrer großen Streuung „nur als Terrorwaffe eingesetzt werden, nicht zur Bekämpfung militärischer Ziele".[84] Die Raketenangriffe zielten auf die Zivilbevölkerung und sollten deren Kriegswillen brechen. Etwa 8.000 Menschen tötete ihr Einsatz. Rund 16.000 bis 20.000 KZ-Häftlinge und Zwangsarbeiter starben nach Schätzungen in der Serienfertigung im Lagerkomplex Mittelbau-Dora sowie bei Transporten. Ob sich die Wissenschaftler und Ingenieure von

Großexponate auf dem Freigelände des Historisch-Technischen Museums in Peenemünde vor dem Kraftwerk, 2014.

Peenemünde nun als überzeugte Nationalsozialisten oder unpolitisch Forschende verstanden, sie wussten um den Zweck der Rakete und luden moralische Schuld auf sich.

Nach Ende des Zweiten Weltkriegs 1945 fanden die militärischen US-Geheimoperationen „Overcast“ und „Paperclip“ statt: Deutsche Wissenschaftler und Techniker wurden rekrutiert und ihr militärtechnisches Können und Wissen sichergestellt. Gleichzeitig sollte dieser Personenkreis dem Zugriff der Sowjetunion und ihrer Rüstungsindustrie entzogen werden. Nach den Peenemünder Raketenexperten wurde regelrecht gefahndet. Deshalb brachten die Nazis noch vor Kriegsende, am 7. April 1945, ca. 500 Raketenfachleute mit einem Sonderzug in den bislang sicher scheinenden Süden Deutschlands, zunächst nach Murnau, später nach Oberammergau. Dort ergaben sich von Braun und Dornberger am 2. Mai den amerikanischen Truppen. Von September 1945 bis Ende Januar 1946 gingen insgesamt 129 deutsche Raketenforscher und Luftfahrtspezialisten in die USA. Die meisten waren Experten des Teams von Wernher von Braun und wurden von der Army betreut. Die Alliierten übernahmen die Spitzenforscher ohne ein

Wernher von Braun zeigt 1954 das Modell einer V2-Rakete.

Entnazifizierungsverfahren in ihre eigenen Forschungszentren. Die komplette nach dem Krieg übriggebliebene Technik wurde abtransportiert, vor allem noch nicht gestartete V2-Raketen und teilweise fertiggestellte Raketenmotoren aus Peenemünde und Mittelbau-Dora. Als im Jahr 1946 deutlich war, dass die Forscher länger als sechs Monate in den USA bleiben würden, folgten äußerst lockere Regelungen, um die Übernahme trotz etwa der NSDAP- und SS-Mitgliedschaft Wernher von Brauns zu rechtfertigen.

Das Ende 1948 gegründete Raketenforschungszentrum „Redstone Arsenal" der US-Army nahe Huntsville im Bundesstaat Alabama entwickelte sich ab April 1950 zu einer Art „Peenemünde-Süd". Damals wechselte Wernher von Braun mit einigen Mitarbeitern aus dem texanischen Fort Bliss über. Die Deutschen gestalteten den neuen Raketenentwicklungskomplex nach ihren Vorstellungen und Erfahrungen um. Das deutsche Raketenzentrum hat aber auch in anderen Ländern, von der Sowjetunion über Frankreich, England, den Mittleren Osten und China bis hin nach Australien, Weiterentwicklungen erfahren. In den USA führten die Arbeiten Wernher von Brauns zur Saturn-Rakete und dem Raumfahrt-Programm, mit der Landung auf dem Mond 1969 (Apollo 11) als Höhepunkt.

Die Magdeburger Pilotenrakete lieferte in Kummersdorf wichtige Erfahrungen für die weitere Entwicklung der Raketentechnik. Die Pioniere Klaus Riedel, Helmut Zoike und Hans Hüter wurden später in Peenemünde führende Mitarbeiter in der deutschen Raketenentwicklung und übernahmen wie Wernher von Braun führende Positionen im US-Raketenprogramm. Hermann Oberth war an der deutschen Großraketenentwicklung nicht beteiligt. Im Juni 1938

Hermann Oberth (vorn) posiert mit führenden Mitarbeitern der Army Ballistic Missile Agency in Huntsville (v.l.): Ernst Stuhlinger, General Holger Toftoy, Wernher von Braun und Robert Lusser, 1956.

Das Raketendenkmal in Mose erinnert an die Magdeburger Pilotenrakete. ▲

Eine Rekonstruktion der acht Meter hohen Pilotenrakete im Technikmuseum Magdeburg.

Im Hermann-Oberth-Raumfahrt-Museum in Feucht zeigt die Büste den Raketenpionier an seinem früheren Wohnort.

wurde der in Siebenbürgen lebende Raketenpionier nach Deutschland geholt aus Furcht, dass er in Feindeshand geraten könnte. Die Russen hatten offenbar schon zweimal probiert, an ihn heranzukommen. Der weltweit bekannte Rumäne mit vielen Auslandskontakten wurde als Sicherheitsrisiko für die Geheimhaltung der Entwicklungsarbeiten am Aggregat 4 in Peenemünde angesehen. Zunächst 1938 an die Technische Hochschule Wien berufen, war er 1940 an die Technische Hochschule Dresden versetzt worden, um eine Flüssigkeitspumpe für das A4 zu entwickeln. Als Oberth nach Siebenbürgen zurückkehren wollte, erhielt er die deutsche Staatsbürgerschaft und im September 1941 für zwei Jahre unter dem Tarnnamen Fritz Hann eine Anstellung in Peenemünde. Seine Aufgabe war es fortan in einer Nebenrolle, „alle für Deutschland greifbaren Patentanmeldungen“[85] auf ihre Verwertbarkeit zu prüfen. Oberth fühlte sich kaltgestellt und reagierte verbittert. Wernher von Braun holte ihn nach weiteren Zwischenstationen 1955 ins US-Raketenentwicklungszentrum nach Huntsville. 1958 kehrte Oberth zunächst nach Deutschland zurück, beriet aber 1961 wiederum in den USA den Flugzeug- und Raketenhersteller Convair für neun Monate in San Diego. Anschließend verlebte er in Feucht unweit von Nürnberg seinen Ruhestand.

2
1
3
4
Erster praktischer Durchbruch
Am 23. Juli 1930 führt Oberth bei der Chemisch-Technischen Reichsanstalt in Berlin erfolgreich seine „Kegeldüse" vor und erhält ein amtliches Gutachten.
Im Bild u.a.: Hermann Oberth (1), Dr. Ritter von der Chemisch-Technischen Reichsanstalt (2), Klaus Riedel (3), Wernher von Braun (4).

Das Raumfahrtmuseum Feucht erzählt auch vom Raketenflugplatz Berlin und zeigt Filmausschnitte.

Anmerkungen

1 Aussagen Wernher von Brauns zum Beschluss in Sachen Rudolf Nebel gegen Freistaat Bayern vom 28. Dezember 1960, Space and Rocket Center, Huntsville, Alabama
2 Dornberger, Walter: Die Eigenentwicklung des Heeres-Waffenamtes auf dem Raketengebiet in den Jahren 1930–1943, Denkschrift, 1944, Historisch-technisches Informationszentrum Peenemünde, Archiv
3 Verne, Jules: Von der Erde zum Mond, Zürich 1976, S. 25
4 www.scinexx.de/dossierartikel/von-der-erde-zum-mond-2/
5 Verne, Jules: Von der Erde zum Mond, Zürich 1976, S. 56f.
6 Ebd., S. 166
7 Ebd., S. 143f.
8 Ebd., S. 175
9 Gartmann, Heinz: Träumer, Forscher, Konstrukteure, Düsseldorf 1957, S. 37
10 Iken, Katja: Der Mondmann, in: Der Spiegel, 16.3.2016
11 Ley, Willy: Vorstoß ins Weltall – Rakete und Raumschiffahrt, Wien 1949, S. 151
12 Ebd.
13 Nebel, Rudolf: Die Narren von Tegel, Düsseldorf 1972, S. 67
14 Ley, Willy: Vorstoß ins Weltall – Rakete und Raumschiffahrt, Wien 1949, S. 151
15 Ley, Willy: Die Kosmopoliten (Drehbericht), in: Reichsfilmblatt, Nr. 41, 12.10.1929
16 Berliner Börsen-Courier, Nr. 69, 10.2.1929
17 Barth, Hans: Hermann Oberth, der wirkliche Vater der Weltraumfahrt, Düsseldorf 2008, S. 99
18 Ley, Willy: Die Versuche des „Vereins für Raumschiffahrt“, in: Brügel, Werner (Hrsg.): Männer der Rakete, Leipzig 1933, S. 125f.
19 Rietz, Frank-E.: Die Magdeburger Pilotenrakete, Halle 1998, S. 45
20 Ley, Willy: Vorstoß ins Weltall – Rakete und Raumschiffahrt, Wien 1949, S. 165
21 Brief von Rudolf Nebel an Hermann Oberth, 9.8.1930
22 Nebel, Rudolf: Die Narren von Tegel, Düsseldorf 1972, S. 85
23 Ebd., S. 86
24 Ebd.
25 Ebd., S. 87
26 Horeis, Heinz: Rolf Engel – Raketenbauer der ersten Stunde, Technische Universität München, Lehrstuhl für Raumfahrttechnik, 1992, S. 16
27 Nebel, Rudolf: Die Narren von Tegel, Düsseldorf 1972, S. 88
28 Berliner Tageblatt: Raketenflugplatz Berlin! In Reinickendorf-West, 2.11.1930
29 Ley, Willy: Vorstoß ins Weltall – Rakete und Raumschiffahrt, Wien 1949, S. 168
30 Horeis, Heinz: Rolf Engel – Raketenbauer der ersten Stunde, Technische Universität München, Lehrstuhl für Raumfahrttechnik, 1992, S. 16
31 Brief von Klaus Riedel an Meta Riedel, 17.11.1930
32 Horeis, Heinz: Rolf Engel – Raketenbauer der ersten Stunde, Technische Universität München, Lehrstuhl für Raumfahrttechnik, 1992, S. 27
33 O.V.: Hier – Raketenflugplatz Berlin, in: Kölnische Illustrierte Zeitung, Jg. 6, Nr. 8, 21.2.1931
34 Hamburger Anzeiger: Im April erster deutscher Raketenstart, 11.3.1931
35 Willy Ley: Der „Verein für Raumschiffahrt“ und ..., o.D., Willy Ley Papers im NASM, zitiert nach Both, Wolfgang: Kulturaufgabe Weltraumschiff, Bremen 2020, S. 183
36 Ebd.
37 Nebel, Rudolf: Wir lösen das Raketenproblem, in: BZ am Mittag, 4.4.1931
38 Nebel, Rudolf: Die Narren von Tegel, Düsseldorf 1972, S. 111
39 Ley, Willy: Vorstoß ins Weltall – Rakete und Raumschiffahrt, Wien 1949, S. 178
40 Nebel, Rudolf: Die Narren von Tegel, Düsseldorf 1972, S. 111
41 Ley, Willy: Die Versuche des „Vereins für Raumschiffahrt“, in: Brügel, Werner (Hrsg.): Männer der Rakete, Leipzig 1933, S.132
42 Brief von Willy Ley an Edward Pendray, 25.5.1931 (Übersetzung von Wolfgang Both), Hermann-Oberth-Raumfahrt-Museum, nach Both, Wolfgang: Kulturaufgabe Weltraumschiff, Bremen 2020, S. 191
43 Briefentwurf Heereswaffenamt, 12.5.1931, Bundesarchiv, RH8-5565, nach Both, Wolfgang: Kulturaufgabe Weltraumschiff, Bremen 2020, S. 193
44 Horeis, Heinz: Rolf Engel – Raketenbauer der ersten Stunde, Technische Universität München, Lehrstuhl für Raumfahrttechnik, 1992, S. 18
45 Dornberger, Walter: V2 – Der Schuß ins Weltall, Eßlingen 1952, S. 26

46 Horeis, Heinz: Rolf Engel – Raketenbauer der ersten Stunde, Technische Universität München, Lehrstuhl für Raumfahrttechnik, 1992, S. 17
47 Shultes, L.: Rocket Mail Service, in: Belfast Telegraph, 17.6.1931 (Übersetzung von Wolfgang Both)
48 Polizeipräsident Berlin an Raketenflugplatz, 17.10.1931, Hermann-Oberth-Raumfahrt-Museum
49 12-Uhr-Blatt: Wettlauf der Raketen-Erbauer, 8.4.1932
50 Przybilski, Olaf: Raketentriebwerke aus dem deutschen Heereswaffenamt (Karl Becker in der 2. Sitzung zu Raketenfragen am 30.1.1930), HWA-Sitzungsbericht, 30.1.1932, S. 31, Bundesarchiv, RH8-991
51 Braun, Wernher von: Reminiscences of German Rocketry, in: Journal of the British Interplanetary Society, Vol. 15, 1956, No. 3, S. 128–131, S. 129 (Übersetzung von Wolfgang Both), nach Both, Wolfgang: Kulturaufgabe Weltraumschiff, Bremen 2020, S. 221
52 Nebel, Rudolf: Die Narren von Tegel, Düsseldorf 1972, S. 136
53 VfR-Mitteilungen: Die erste Flüssigkeits-Rakete gestartet!, März 1931
54 Ley, Willy: Vorstoß ins Weltall – Rakete und Raumschiffahrt, Wien 1949, S. 176
55 Ing. Johannes Winkler, in: Brügel, Werner (Hrsg.): Männer der Rakete, Leipzig 1933, S. 100–114, S. 102
56 Brief von Johannes Winkler an seine Frau Elisabeth, 10.10.1931, Deutsches Museum München, NL097
57 Berliner Volkszeitung: Winkler-Rakete startet und explodiert, 7.10.1932
58 Raketenflug, Mitteilungsblatt des Raketenflugplatzes Berlin, Nr. 8, April 1933, S. 2
59 Brief von Siegfried Klewitz an Ernst Reuter, Magdeburger Stadtarchiv, Rep. 10, M 32, Bl. 6
60 Deutsche Tageszeitung, 28.10.1932, Nr. 338, 1. Beiblatt, Berlin
61 Schäfer, Herbert: Extracts from Notebooks, National Air and Space Museum, Washington D.C.
62 Neues Magdeburger Tageblatt, 4.5.1933
63 Schäfer, Herbert: Extracts from Notebooks, National Air and Space Museum, Washington D.C.
64 Magdeburgische Zeitung: Startversuche der Flüssigkeitsrakete; Magdeburger General-Anzeiger: Vorstarts zum Magdeburger Raketenaufstieg; beide 9.7.1933
65 Brief von Rudolf Nebel an Siegfried Klewitz, Magdeburger Stadtarchiv, Rep. 10, M 33, Bl. 87
66 Neues Magdeburger Tageblatt, 6.7.1933, Magdeburger Stadtarchiv, Rep. 10, M 33, Bl. 117
67 Raketenflug, Mitteilungsblatt des Raketenflugplatzes Berlin, Nr. 9, Mai 1934, S. 2
68 Günzel, Karl Werner: Die Flüssigkeitsraketen – Raketenpionier Klaus Riedel, S. 71
69 Volks-Anzeiger, Abendausgabe vom 21.7.1933
70 Raketenflug, Mitteilungsblatt des Raketenflugplatzes Berlin, Nr. 9, Mai 1934, S. 3
71 Horeis, Heinz: Rolf Engel – Raketenbauer der ersten Stunde, Technische Universität München, Lehrstuhl für Raumfahrttechnik, 1992, S. 24
72 Raketenflug, Mitteilungsblatt des Raketenflugplatzes Berlin, Nr. 9, Mai 1934, S. 3
73 Ebd.
74 Ley, Willy: Vorstoß ins Weltall – Rakete und Raumschiffahrt, Wien 1949, S. 191
75 Briefentwurf Heereswaffenamt, Erich Schneider, x.11.1933, Bundesarchiv, RH8-5565
76 Vermerk Heereswaffenamt, Erich Schneider, 22.12.1933, Bundesarchiv, RH8-5565
77 NS-Presseanweisung Zsg. 101/5/23/Nr. 1066 vom 28. Januar 1935, zit. nach Toepser-Ziegert, G.: NS-Presseanweisungen der Vorkriegszeit. Edition und Dokumentation, Bd. 3/I: 1935, München etc. 1987
78 Brief von Rudolf Nebel an Wilhelm Markmann, 7.9.1934, Magdeburger Stadtarchiv, Rep 10, M 34, Bl. 115
79 Brief von Walter Dornberger an Willy Ley, 4.10.1953, Hermann-Oberth-Raumfahrt-Museum
80 Dornberger, Walter: Die Eigenentwicklung des Heeres-Waffenamtes auf dem Raketengebiet 1930–1943, Denkschrift, Peenemünde 1944, S. 9, Militärgeschichtliches Forschungsamt Potsdam
81 Braun, Wernher von: Stellungnahme zu dem Artikel „Ich erfand die V2", von-Braun-Nachlass, Space and Rocket Center, Huntsville, Alabama
82 Braun, Wernher von: Reminiscences of German Rocketry, Journal of the British Interplanetary Society, Vol. 15, 1956, No. 3, S. 128–131, S. 130 (Übersetzung von Wolfgang Both)
83 Winter, Frank: Prelude to the Space Age – The Rocket Societies 1924–1940, Smithsonian Institution Press, Washington 1983
84 Bundesarchiv (Militärarchiv Freiburg), RL 12/76, 489 Rücks.
85 Oberth, Hermann: Briefwechsel, 1. Bd., hrsg. von Hans Barth, Bukarest 1979, S. 145

Danksagung

Der Autor dankt der großzügigen Unterstützung des Hermann-Oberth-Raumfahrt-Museums und dem Rat von Wolfgang Both. Von ihm sei folgendes Buch empfohlen: Kulturaufgabe Weltraumschiff. Die Geschichte des Vereins für Raumschiffahrt, Bremen 2020.

Bildnachweis

Adam Opel AG: S. 23; Archiv Harald Neckelmann: S. 15 l., 24, 28, 30, 32, 71, 74, 114 o.; Berlin am Morgen, 24.7.1930: S. 37 o.; Berliner Zeitung: Von den Anfängen der Raumfahrt: Die Planetenträumer von Berlin, 1.7.2020: S. 104 u.; Both, Wolfgang: Kulturaufgabe Weltraumschiff, Bremen 2020, S. 168: Einband vorne, S. 135: S. 36; Buedeler, Werner: Geschichte der Raumfahrt, Künzelsau, 1979, S. 218: S. 26 u. (Historia Photo), S. 52 (Rolf Engel), S. 216: S. 73 o. (Rolf Engel); Deutsche Kinemathek: S. 34; Deutsches Museum München: S. 59, 106 (Archiv FA-Peen, Blaue Serie, 31-5); Guder, Rudolf: Astris – zu den Sternen, Eigenverlag 2002, S. 120: S. 66, S. 137: S. 70, S. 172: S. 73 u.; Günzel, Karl Werner: Die fliegenden Flüssigkeitsraketen – Raketenpionier Klaus Riedel, S. 46: S. IV, S. 47: S. 49 o., S. 81: S. 89 o., S. 73: S. 95 u.; Hermann-Oberth-Raumfahrt-Museum: S. 2, 8, 15 r., 33, 38, 39, 41 beide, 42, 45, 47, 49 u., 50, 51, 53, 54, 55, 58, 61 beide, 62, 63, 64 beide, 67, 72, 73 u., 76 u., 77, 78, 80, 81, 82, 83, 84/85, 87 beide, 88, 89 u., 90 beide, 93, 95 o., 100, 101, 102, 103, 116/117 (Michael Zuber), Nachsatz, Einband hinten; Historisch-Technisches Museum Peenemünde: S. 96, 98 beide, 109; Kienzle, Lothar: S. 99; Library of Congress, Washington (HAER ALA, 45-HUVI.V, 7A-19): S. 20; Nebel, Rudolf: Die Narren von Tegel, Düsseldorf 1972, S. 92: S. 40, S. 122: S. 57; Nebel, Rudolf: Raketenflug, Berlin 1932, S. 17: Vorsatz; Neckelmann, Harald: S. 115; OVB Heimatzeitungen (www.ovb-heimatzeitungen.de/blickpunkt/2023/04/02/hermann-oberth-der-vater-der-raumfahrt.ovb): S. 31; Raketenflug, Mitteilungsblatt des Raketenflugplatzes Berlin, Nr. 7, Dezember 1932: S. 76 o.; Sagner, Reinhard: Johannes Winkler in den Junkers-Werken und die Dessauer Raketen, Dessau 2022, S. 226: S. 59; Rietz, Frank-E.: Die Magdeburger Pilotenrakete, Halle 1998, S. 142: S. 99, S. 97: S. 79; Tiling, Klaus / Frauenheim, Martin: Reinhold Tiling, Diepholz 2013, S. 97: S. 27; Transit Film: S. 4; Uniwersytet Wrocławski (Biblioteka Cyfrowa): S. 17 l.; Wikimedia Commons: S. IV (jv.gilead.org.il/rpaul/De la terre à la lune/), S. 11 (beide aus Ganswindt: Das jüngste Gericht: Erfindungen, 1899), 13 o. (NASA), 13 u. (http://dimitri.moseparh.ru/files/2019/09/IMG_7838.jpg), 17 r., 18 l. (beide NASA), 22 (Bundesarchiv, Bild 102-08916, Georg Pahl, CC-BY-SA 3.0), 26 o.; (www.technikatlas.de/~ta16/raketen.html), 37 u. (Nieuwe Haarlemsche Courant: Steeds sneller, Haarlem, 13.6.1930, S. 5), 108 (Historic American Engineering Record), 111 (Historisch-Technisches Museum Peenemünde, Archiv), 112, 113 (NASA), 114 u. (Hajo Neumann).

E G E L E R
Krumme Pf.
Schiess-
bei Ber
Sicherungs-Grab
g
fern-
Schiess Stand
Mäck
D
Dritz-
andauer Schiffsfah
Wiesen
(zu Charlottenburg)
Priester D.
Heilstätte vom
Rotenkreuz
F O R S T
Königsdamm